創業進化論

青創世代如何對接數位經濟浪潮，結合Tech for Good科技向善的多贏方案

余宛如 著

【推薦序】

第一部

新創有話說

contents
目次

第三部

社會創新與科技向善 152

contents
目次

第四部

推薦序 1

為青年世代創造不一樣的生活

林見松

國策顧問
世界台灣商會聯合總會名譽總會長
林見松

我在二〇一六到二〇一七年擔任世界台灣商會聯合總會第二十三屆總會長任內與余宛如委員結識，那時余委員以長期關注食安、公平交易，並致力於推動社會企業的「公平交易推廣協會理事長」、「生態綠公司董事長」職銜初進立法院，並以豐富的財經經驗加入立法院財政委員會；在我們初次會面時便就公平交易、綠色經濟等議題交換意見，討論海內外青年創業所面臨的環境、趨勢和挑戰，政府和世界台灣商會聯合總會應如何整合資源，輔導青年創業，我們咸認國內外企業家須共同參與社會責任，並鼓勵青年創業與改善產業生態。

期間我也向余委員報告世界台灣商會聯合總會之下的「世界台灣商會青商會」，長久以來世界台灣商會聯合總會以「向下扎根、傳承永續」來連結海外青商與國內外政府當局的新創能量，海外青商有專業能力、創新思維和創業的衝勁，若能結合世界台商們的成功經驗和資金，有計畫的整合資源開創新藍海，協助國內外有志青年創業，將是一股不可忽視的力量。

這一本書，雖然余委員很謙虛地說這是她擔任第九屆立法委員以來的工作報告書，但是本書所集結的，是余委員在力推公平經濟之外，更著力於青創、社企、電商、數位經濟、金融科技等議題，透過書裡面十五個新創團隊的故事，讓大家了解到：年輕人的想法與衝勁並不是天馬行空，投入網路服務、電子商務、數位內容、手機遊戲、隨選經濟、金融技術等新興行業，才能帶領台灣升級二十一世紀數位經濟社會，也才能幫青年世代創造不一樣的生活。

我的幼年時代父母仍以務農為主，到了我就學、進入社會期間，已經從紡織、製鞋、金屬加工等行業，讓台灣走入現代化工業社會，而在我創業時期台灣企業已經以「代工製造」見長，這種跳躍式的經濟成長，跟今天面對AI、雲端、網路、金融科技的新世代又截然不同，世界各國都致力於推動新創產業，改變自己國家的未來，如果我們漠視創新和突破的思維，那麼台灣將難以在新世界經濟中破繭而出。

承蒙余委員不嫌棄本人才疏學淺邀稿書序，拜讀大作後，讓我對台灣青年創新的能量深受感動，同時透過書中對法、澳等國家駐台代表的專訪，讓我們知道世界各國對於新創及數位經濟轉型的看法，透過其他國家的經驗，讓我們知道第三波數位革命如何翻轉商業模式，而我們又應該如何整合各方資源，促成創新規模化，讓台灣不在數位經濟戰略上缺席。

推薦序2

讓更多年輕人更勇於嘗試

王俊凱

奧丁丁集團
創辦人
王俊凱

我和余委員是在這幾年政府想要推動區塊鏈的機緣下認識的，恰巧也見證也一起參與推動了台灣區塊鏈以及加速FinTech法規的成形。即便過程不容易，但在私底下交流的過程中，我真誠地感受到擁有一位年輕、願意做事的立委，對於整個創業的世代來說是一件非常珍貴的事情，我非常讚賞她在這幾年裡對於新創社群的幫助以及貢獻。

這本書不僅僅是新創的故事，每一個故事的背後，都代表了這一代台灣年輕創業者對於未來的渴望、願意捲起袖子幹活的範例。他們不一定擁有過人的家世背景，但相同的是，大家都深信科技、創新可以讓這個社會更好。

誠如我自己創業的故事一般，從矽谷搬回台灣，從兩個人的小公司開始做起，到八年後被日本SBI集團投資數千萬美金、準備美國Nasdaq上市，背後的辛酸還有過程，只有走過一遭的人才能知道。

我深信，這是我們這一年輕世代所需要的精神，一個個成功的創業典範，讓更多年輕的後輩有學習模仿的對象，從我們的生活經驗、社會制度、科技浪潮裡，都可以運用新技術創造出新的商機，每一個出來創業的年輕人都值得欽佩，我也希望台灣社會有鼓勵失敗者的胸懷跟氣度，讓更多年輕人勇於嘗試。台灣是一個小島，所以我們更應該積極跟其他國家交流，例如瑞典、以色列、法國，透過余委員的牽線，我相信只要保持持續互動交流，對於台灣的未來必定是加分。

我相信讀完這本書，必定能更鼓舞更多有志之士勇敢創新，帶給台灣未來更多正能量，非常值得推薦這一代優秀的創業者們的故事給大家。

推薦序3

期待更多發光發熱的獨角獸

廖永源

台大台復新創學會理事長
台北華南扶輪社社長
台北市六堆客家同鄉會理事長
重威企業有限公司董事長
Jonnesway 強斯威品牌創辦人
廖永源

作者余宛如以自身創辦生態綠公平貿易咖啡的經驗，積極投入公共領域，在立法院推動鼓勵台灣新創事業的立法。這一本集結作者二〇一六年擔任立法委員以來，積極關注的十五個新創團隊故事，值得我們借鏡、省思，以及從中學習台灣的新創活力，藉由新創翻轉台灣產業。

拜讀宛如的大作，相信讀者及政府部門可藉由這本書，提高對台灣在地新創產業的了解，進而鼓舞有理想與熱情的你我，共同投入更多新創事業的嘗試！期待有朝一日台灣也能培養出更多獨角獸，在國際上發光發熱。

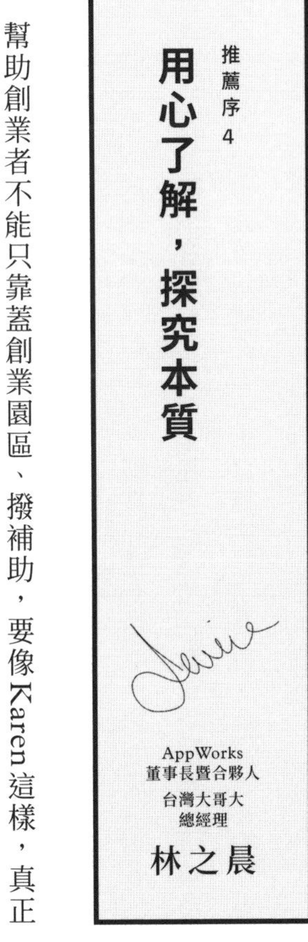

推薦序4

用心了解，探究本質

AppWorks
董事長暨合夥人
台灣大哥大
總經理

林之晨

幫助創業者不能只靠蓋創業園區、撥補助，要像Karen這樣，真正用心去了解、探究每個新商業模式的本質，找到幫助其成功，同時平衡被顛覆產業、工作者權益的多贏方案。

推薦序5

為台灣帶來實質改變

安侯永續發展顧問
股份有限公司
董事總經理
氣候變遷與企業永續服務
亞太區負責人

黃正忠

宛如將她對公平貿易的熱情帶進國會，串聯更多的利害關係人，探索著台灣各面向的創新議題，無論是社會創新、數位轉型、創新創業等等，都為台灣帶來實質改變。《創業進化論》這本另類的問政報告，是我們面對「歹活，不永續」的現況時，最期待看見的態度：「行動，才有希望」。推薦給各界！

推薦序6

和實踐家共同打造可觸及的願景

喜憨兒社會福利基金會
董事長
蕭淑珍

台灣有許多認真的夢想實踐家，他們正在社會每個角落，透過多元層面，發揮無限的創造力與行動力，展現對這個島嶼深切的熱情關愛，同時啟動深層的潛在能量，成就了良善的企業。善意將匯聚成可觸及的願景，願與本書每位認真的夢想實踐家共同努力，為更美好的世界勇往直前。

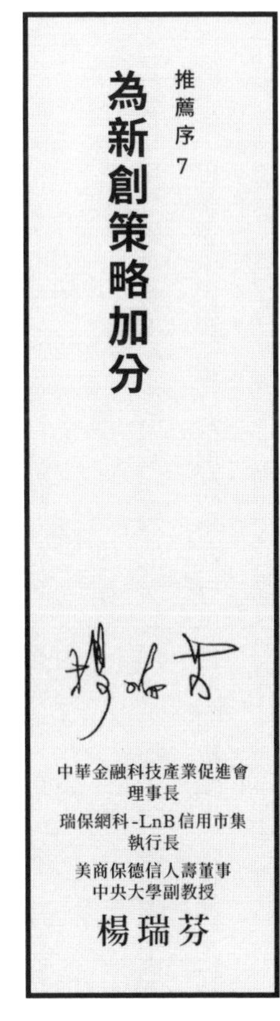

到現在我都還記得，當時我將國際對於金融科技法規沙盒的作法拿給許多和這政策制度有關的人時，宛如和她的團隊是少數能充分理解其背後精神，以及對國家的影響，並在我所提供的資料外，還能加上新的國際研究，為策略加分的委員。

到今天，儘管我對於台灣的金融科技發展與創新環境還期待繼續進步，但我必須替FinTech業者謝謝宛如，如果沒有她的理解與努力，我們不會有台版金融科技沙盒，她的專業與努力，使得台灣有機會參與到國際進行中的數位經濟轉型。

作者序

開啟世代對話 才能擁抱未來

最近看了一本書，裡面提到的「紅皇后效應」（Red Queen Effect）令我印象深刻，這個典故出自西方童話故事《愛麗絲夢遊仙境》中，紅皇后說過的一句話，但後來被商管學界「借去」描述動態競爭關係。簡單地說，當一群人在競爭時，若你只是跑得跟別人一樣快，那頂多與人並肩，因為其他人也都在奮力往前跑，因此，假如想要獲勝，就必須付出加倍的努力，超越對手。

這個思維，其實也正是過去數十年來台灣經濟的發展模式，除了政府積極主導的產業政策外，數以萬計的中小企業主不畏艱難，跨出海島在世界各地開疆闢土，我們比其他國家加倍努力的壓低成本、加倍努力的優化製程，也加倍努力地提升管理經營效率。加倍努力的成果，創造了二十世紀下半業所謂的「經濟奇蹟」，和台灣現在引以為傲的半導體、電子代工和製造業——我們現在是全球電子供應鏈不可或缺的一分子。

可惜的是，台灣經濟成長動能在二〇〇八年全球金融海嘯來襲後就熄火了，除了二〇一〇年因為遺贈稅調降，造成房地產大漲的經濟成長率上升假象，後來就像世界普遍已開發國家一樣，在零到百分之五之間擺盪，難道是台灣不夠努力嗎？當然不是，只是我們努力錯了方向。台灣過去犯的最大錯誤，就是在鼓勵投資中國的同時，忘了投資自己；繼續仰賴舊經濟的廉價土地與勞動力，忘了打造適合醞釀新經濟的環境。讓台灣面對一個少子化、機會消停、薪資停滯與人才外流的世代問題。

面對困境，台灣的新世代不是沒有想法，只是當他們用能力可及的方式實踐時，往往被叫做小確幸；台灣新世代也不是沒有能力，只是當他們奮力躍起時，過時法規變成他們的隱形天花板。但是，這些如微弱星光閃耀的創新，不正在形塑未來新價值的銀河？

而迎接我們未來的，是一個以資料驅動發展的未來，一個機器越來越聰明、足以媲美人類智慧的未來。當資料變成新的原料，機器人可以取代部分人力，經濟發展的遊戲規則早已改變，台灣該加倍努力的，是善用這股科技和創新的力量。

這也是為什麼我自二〇一六年擔任立法委員以來，矢志努力為下一代打造一個創新的創業環境，建立起新的數位經濟法規架構，與國際接軌，讓新型態的企業可以在數位創新經濟中成長茁壯，成為台灣經濟未來的主力，讓新世代的創業者，在國際的競技場上，不會一起步就輸在起跑點。

但科技和創新的力量，就像最新的X戰警系列電影中主角琴．葛雷（Jean Grey-Summers）擁有的「鳳凰之力」一樣，可正可邪，端看人怎麼使用這股力量。科技新創聖地美國矽谷所帶出來的文化，是利益導向為主的應用；極權國家則運用科技進步強化對人民的治理和管控。那台灣呢？除了上述兩種模式，我們是不是還有另一種選擇？

答案是肯定的。

歐洲近年來正逐漸興起對科技創新應用的第三種想像，叫做「Tech for Good」（科技向善），而我認為，這不只是台灣需要的，更是全世界都應該學習、看待科技新創的態度。Tech for Good指的是，科技創新應該是用來解決人類的社會問題，帶給人們更多歡樂跟希望，並同時兼顧永續發展的目標，我們應該要重新把人性、社會關懷作為科技創新的前提，這也代表同時把人放回經濟發展的中心。這麼說或許還是有點抽象，也因此本書的目的之一，就是要透過一個個已經在台灣促進數位創新經濟轉型的故事，去替讀者勾勒出我們未來經濟發展的樣貌。

透過十五篇故事，你可以清楚看到全球科技變化的脈動、台灣創業家的新創能量和科技向善的潛力。台灣作為一個自由開放的經濟體，學習他國的經驗也很重要，本書最後一部收錄法國、以色列、澳洲、瑞典及馬來西亞，一共五位駐台使節的專訪，暢談台灣與他們國家的雙邊關係，分享他們進行數位國家轉型、扶植新創產業的作法，許多文化面向的培養確實值得台灣參考。

這是一本講述台灣青年創業家故事的書，也是台灣未來經濟發展的雛形，更是我擔任立法委員以來的問政報告，我想藉著這本書邀請你一起來了解我們的努力，以及促成台灣社會產生了什麼樣的蛻變，一起找回對台灣的信心。

余宛如

二〇一九年十一月於台北立法院

面對困境，
台灣新世代也不是沒有能力，
只是當他們奮力躍起時，
過時法規變成他們的隱形天花板。

但是，這些如微弱星光閃耀的創新，
不正在形塑未來新價值的銀河？

3
1
4
2

第一部

新創有話說

新創有話說

記得二〇一六年剛當上立委時，台灣的新創環境其實對創業家不盡友善，與美國新創聖地矽谷更有先天上的差異。美國新創能夠蓬勃發展，華爾街資金、創投私募基金和天使投資扮演了重要角色，台灣卻非常缺乏這類策略型的投資資金，創業家也常常碰到資金不足的問題。另外，台灣新創團隊的國際交流、國際人才也相對缺乏，政府過時的法規更是扼殺了許多新創產業發展的機會，更不用說台灣長期以來害怕失敗的創業文化，「創業」這兩個字聽起來很酷，但多數年輕人並不了解「創業成功」是需要多少的耐心、毅力和決心才能達到的。

蔡英文總統看到了台灣創業家的種種痛點，她知道，台灣如果想要在變化迅速的數位時代取得領先位置，那麼我們的新創環境就必須大幅改善。承接著這樣的使命，我在進入國會之後，隨即開始搭建台灣新創生態系，替整個環境「調體質」、修補漏洞。

針對國際交流、國際人才缺乏的問題，除了多次在國內外場合替台灣新創找合作機會、找投資之外，我力促《外國專業人才延攬及僱用法》三讀通過，鼓勵更多高技術的專業外國工作者來台，讓台灣環境更國際，新創公司能夠輕易地鏈結國外資源、人才，打造國際團隊，在更大的舞台上發光發熱。

台灣新創以前常常碰到資金不足而無法繼續營運的困境，更有「天使缺乏症候群」的罕見病症（缺乏初期天使資金挹注），但在《產創條例》修正案通過後，天使投資租稅優惠的條文讓天使下凡了，穿透式課稅的適用，讓有限合夥事業更願意投資在新創事業上，其他諸如無形資產鑑價的機制、公司法股票面額限制放寬等法規鬆綁，都讓新創在資金面上不再憂慮，籌資時有更多工具。

衝撞沉痾法規、替新創產業開疆闢土更是我任內非常引以為傲的事情，從二年內推動亞洲第一部金融監理沙盒專法《金融科技發展與創新實驗條例》三讀，讓金融科技有機會在台灣落地生根，到發展自駕車需要的《無人載具科技創新實驗條例草案》，雖然推動過程艱辛，但所幸在其他委員和民間團體的支持下，都能順利通過，讓台灣有產業升級、轉型的機會。

其實鼓勵新創發展的矽谷文化，是我們無法透過立法方式、短時間見到成效的，只能一點一滴累積形成，一個推廣文化價值很好的辦法是分享典範故事，典範故事不見得都有成功的結尾，但有時候失敗的經驗反而讓人更接近成功。本部收錄的五個新創故事都非常具有代表性，希望藉此能襯托出台灣新創環境經過三年多改善的優點！

chapter
1

ALCHEMA

自釀時代來臨！
智慧釀酒機的時尚風潮

公平貿易咖啡釀的酒喝起來是什麼味道？完全不甜的蘋果酒、蜜桃酒又是什麼樣的滋味？自家釀造也可以很科技，不僅不怕弄髒環境，更可以隨時掌握釀造進度；甜一點、酒精濃度高一點，都可以自己掌握，還可以和同好分享酒譜——ALCHEMA運用科技強化釀酒的核心技術，並研發出具有app連線監測功能的智慧釀酒機，一舉站上物聯網創新的國際舞台。

company file

ALCHEMA

公司名稱 得心股份有限公司

創辦人 張景彥（Oscar）

成立時間 2015年11月

網站 台灣：www.alchema.com.tw
美國：www.alchema.com

企業理念

ALCHEMA是源自ALCHEMY這個字，也就是「鍊金術」的意思。最古老的鍊金術，其實就是把水變成酒的魔法，鍊金術師們透過不同的材料與嘗試，希望找到最好的配方。

我們希望ALCHEMA開發的各種配方，能讓各位「鍊酒術師」們找到生活中更精彩有趣的亮點！我們也希望把這樣歡樂、嘗試、冒險與成長的體驗帶給大家，所以提供的不只是智慧釀酒機本身，而是透過整體服務並結合了「天然純淨」、「冒險精神」、「美好關係」三個元素，建構出一個新的自釀體驗──「勇於嘗試，樂於分享」。

運用app即時監測操作的智慧釀酒機

公平貿易咖啡釀的酒，喝起來有很濃的果味、酒精味很強烈、感覺濃度很高，這樣的等級已經算是烈酒，適合在下班後在家小酌；有咖啡又有水果香氣，就像耶加雪菲的釀酒版。

這樣的酒品，在家要如何手做釀造呢？

比起過去，古法釀造需要很多步驟、不明確的材料比例及釀造時間，現在利用智慧釀酒機，大家只需要選擇自己喜歡的酒譜，把對應的食材倒進設備裡，釀酒機便會自行釀造，釀好了，手機app還會通知完成了。

全球有一群人非常迷戀自釀酒品的風味，也樂於與同好們分享釀酒譜及試喝心得，釀酒變成廚房裡的另類時尚風潮。新創團隊ALCHEMA就是在這樣的背景下誕生。

ALCHEMA共同創辦人兼執行長張景彥是電機背景出身，過去從事軟硬整合的專案工作，但他也很喜歡包括軟性飲料或是含有酒精的各種果酸飲料；另一位創辦人董翰寧是英國雪菲爾大學畢業的釀酒碩士，有國外酒廠兩年的工作經驗。兩人一拍即合，決定打造一台能在家輕鬆釀出各種風味酒品的釀酒器。

他們之所以會開發ALCHEMA釀酒器，是因為大酒廠很難滿足多樣但少量的消費者需求；而智慧釀酒機的出現，則可以讓大家把自家廚房變成私人酒莊，做出自己喜歡的獨特風味。

台灣也有一些精釀啤酒的釀造運動，這其實是一種美好生活的體驗；而這台釀酒機的好處，是讓消費者在家釀酒也不會搞得到處髒汙，更不會有奇怪的發酵味四散，可以維持優雅的生活環境。

創業加速器是創業者的好導師

ALCHEMA研發出具有app連線監測功能的智慧釀酒機，並取得了許多國內外創業競賽的資源，例如他們曾獲得全球知名硬體加速器HAX的創業指導和資金。這是創業者的榮耀，但他們仍然謙稱這是幸運。其實，要爭取到這個名額不多的機會，團隊需要非常努力；創業過程中的痛苦和各種挑戰，也成為ALCHEMA各大加速器及創業比賽常勝軍的能量。

ALCHEMA是典型的學生創業，雖然有創新的想法，但一開始，他們對第一筆資金從何而來、如何經營一家公司都是沒有頭緒的。為了得到初期的資金並學習所需的知識，張景彥帶著團隊參加了台灣的創業比賽。

ALCHEMA在拿到經濟部「通訊產業發展推動小組」舉辦的物聯網競賽冠軍後，推動小組不僅協助張景彥進一步了解經營公司的概念，更媒合了許多業師來輔導團隊。後來，張景彥將產品原型做了第二代的改良，並在科技部的FITI創新創業激勵計畫中拿到了首獎，得到更多資源挹注，例如安永聯合會計師事務所，就協助了他們了解財務規劃、進行更全面的管理。

除了產品要好之外，比賽中認識的業師也在行銷、財務、募資、商業模式等方面提供了很多諮詢，例如SVT Angels（Silicon Valley Taiwan Angels，矽谷台灣天使群）就是過去在矽谷創業成功、希望把知識傳承給台灣新一代創業者的企業家。

由於團隊的目標市場在美國，所以SVT Angels的協助帶給他們很大的信心，尤其團隊跟著業師前進矽谷、了解矽谷的創業風格之後，也讓他們的功力更上一層。

募資測水溫，加速產品優化過程

為了經營一家國際化的公司，張景彥需要更多的美國資源，也開始學習如何把消費性產品帶入美國市場，並試著跟通路打交道，最後在Kickstarter募資成功、獲得多達三十四萬美元的資金挹注。整個過程看似順利，但中間其實經歷了好幾次的產品市調與改良；到了美國之後，也需要因應當地消費者的習慣改良產品的色調外觀，才發展成現在的智慧釀酒機。

ALCHEMA希望科技能帶給人們趣味，並不是讓大家都只關在家裡自己玩，而是可以分享彼此的自釀過程，讓釀酒成為一種有趣的社交活動，所以團隊為釀酒機設計了一個側門，可以打開觀察發酵狀況，也可以直接取出酒壺。

觀察整個產品的優化過程，可以發現裡面有很多挑戰：它一方面是以app控制的物聯網產品，所以必須在軟體上下功夫，但一方面仍需兼顧硬體的功能性跟外觀。要創新又要符合消費者需求，其實並沒有那麼輕鬆。

初期，ALCHEMA的生產經驗幾乎為零。而對張景彥來說，他很幸運，遇到了許多願意分享的業師與團隊，提醒他的團隊現在該注意哪些事、以後可能發生什麼事，減少了團隊遇到的挫折，或是犯錯的機率。

然而，有時候即使是地位崇高的業師或前輩，也因為他們的公司規模已經遠超過新創，或是當時的

ALCHEMA釀酒機。

喝酒過量請勿開車，飲酒過量有礙健康

成功經驗和問題不一定適用於現在，所以能提供協助的程度也有所不同。另一方面，由於與其他新創團隊在規模、技術水準以及專業知識方面都比較接近，因為時空背景而遭遇的問題也類似，所以更有機會能夠分享彼此的資源。

創業。矽谷與台灣，差異在哪裡？

第一是產品面：從市場角度來看，不論是台灣或美國，喜歡這個產品的消費者比例都在百分之一到二之間。但或許有人會懷疑，美國和台灣喜歡自釀的人比例剛好都一樣嗎？台灣喜歡自釀的人有這麼多？會不會是資料有錯誤？

事實上，這個比例是正確的；只是因為美國的人口基數比較大，所以自釀人數當然比較多。但如果就比例來看，其實台灣和美國的自釀熱門程度落差並不大。

第二是經營端：矽谷投資人比較關注的，是創意在未來的故事性與發展性；但台灣投資人會偏向觀察團隊的營收狀況，再決定公司的價值落點。也就是說，台灣投資人對公司的估值方式，相對保守許多。

為了了解市場，充滿熱情的ALCHEMA曾經做過很多不同的樣品，他們的概念是先發現市場需求，再打造出原型產品來試水溫，最後才做出消費者真正想要的設計。

產品上市之後，團隊會觀察消費者需求，並結合營運考量，研究如何解決消費者的需求，再決定下一代如何改良、在什麼時間推出。

在目前主要市場所在的美國，ALCHEMA團隊不斷進行訪談，也定期舉辦消費者聚會，這樣的氛圍，讓許多消費者主動向團隊表達自己的需求，並建議開發新功能，或是希望團隊進一步提供哪些服務。在獲得這些資訊之後，團隊會進一步分析顧客需求的比例，並且與產品來回驗證。目前ALCHEMA團隊雖然以操作網路行銷為主，但也會參與水果酒製作的相關實體活動，以及酒展、家電展等產品相關領域的活動。

想要長久經營一家公司或一件事，都必須先深入了解核心本質，再因應時代環境的變化來應對。ALCHEMA的核心技術是發酵，以及透過app即時通知消費者監測結果的技術，所以他們想做的，就是不斷減少消費者在釀酒時遭遇的阻力。

掌握變形優勢，學習換位思考

對於發展海外市場，其實台灣政府提供了非常多管道，例如外貿協會與德國、俄羅斯等主要的酒類消費國家都有接觸，也會邀請團隊一同參展，進一步接觸國際通路。

在台灣，政府做了許多事情扶植新創，而在美國，基本上則是放任新創自己想辦法，團隊要活下來，就是自己要負責的事情。美國的這種文化，與台灣大家期望政府手把手協助成長，是很不一樣的。在美國，創業家必須非常了解自己的團隊，主動尋找資源與建議，如果團隊自己不清楚需要什麼幫助，是沒有能力在市場上生存的。

就目前的大環境來說，物聯網是相對熱門的發展方向，但做好軟硬體整合並不容易，尤其新創所要面臨的挑戰非常多，很多人在發展創意的過程中就已先跌倒。對於如何思考創業，張景彥的建議是：首先，了解自己與團隊的優缺點，然後想辦法扭轉劣勢。

以學生創業來說，許多劣勢可能來自「沒有經驗」，但沒有經驗也代表比較沒有框架，對任何事情都可以用開放的態度來吸收。此外，跟有經驗的企業家相較，年輕人的家庭負擔較少，能投入創業的時間也比較多，這些都是新創的優勢。也就是說，如何將自己的劣勢化為新創團隊的變形優勢，是每個新創團隊都可以思考的。

新創業者的另一個共同特點，就是基本上都相當聰明。但如何讓一群聰明的人一起有效工作，往往是個挑戰。所以，學習「換位思考」非常重要，除了本身的技術專業之外，對於其他領域擁有一定程度的知識，更有助於與其他領域的人們溝通。一件具有突破性的事情，或許可以由個人獨立完成；但如果要把事情做大，就需要一整個團隊同心協力。

回顧ALCHEMA的創業歷程，張景彥分享了一句他很喜歡的冰上曲棍球員的格言：

「我們要到球要去的地方，而不是一直待在現在的位置」。也就是說，創業家必須預測下一個可能發生的狀況是什麼，並且在狀況發生之前設法解決，所以，創業者要做的是，以上一代的資源為基礎，找出下一代的潮流所在，並且在它發生之前，就比別人先行一步走到那裡。

ALCHEMA

創新力

- 機會點：全球市場擁有非常喜愛自釀酒品的客群，但卻缺乏方便自製酒精性飲料的工具。
- 創新性：智慧釀酒機透過物聯網連結手機，可即時監測製酒進度，加上設計流暢的線上線下整合，讓消費者有機會體驗自釀酒精性飲品，家裡輕鬆變成釀酒廠。
- 向善性：用科技釀酒創造小農農產品需求，提升台灣農業價值。

×

張景彥

網路科技讓資訊四處充斥，這個時代稀缺的，不是如何取得資訊，若想脫穎而出，比的是誰更會「選擇」、「詮釋」以及「運用」資訊，並且在適合的「時間點」與「對的人們」一起打拚努力。組織是由人所構成，人要協作就必須「溝通」，因此跨界溝通的能力，在變化快速的年代更為重要，聰明只能確保你個人學習能力快速，但良好的溝通能力，可以讓你與眾人組成強而有力的組織。

台灣鮮少有新創事業能夠和在地農業結合，但ALCHEMA團隊在設計酒譜、準備釀酒材料時，卻刻意決定盡量使用台灣的在地食材，例如使用古坑谷泉莊園的龍眼蜜釀製蜂蜜酒，或是用台南後壁的無毒仕安白米釀造清酒和米酒等等，不但增加在地農產品的銷量，更賦予台灣農業新的價值。

而ALCHEMA智慧釀酒機和手機app的完美連結，更突顯出台灣物聯網發展的優勢。其實為了促進產業轉型升級，將台灣帶入數位新經濟世代，政府在2016年9月就通過了由國發會提出的「亞洲・矽谷推動方案」，明確地以推展物聯網產業創新研發和強化創新創業生態系為主軸。經過兩年努力，總算在2019年初傳出好消息，台灣物聯網產業產值確定在2018年突破一兆元，成為最新的一個「兆元產業」。國際大廠如微軟（Microsoft）、亞馬遜（AWS）及Google紛紛來台設立研發或創新中心。

ALCHEMA成功的故事，也證明台灣新創絕對有站上國際舞台的實力。或許因為販售的是需要時間、慢慢等待的釀酒機器，相較起來比較適合常在家舉辦派對的歐美文化，ALCHEMA在創立初期的目標客群就不侷限於台灣，而是把眼光放向國際，他們不但在美國知名群眾募資網站Kickstarter上募得創業的第一桶金，也順利藉此打響國外知名度，ALCHEMA的美國使用者甚至有「Alchemian」這樣的專屬稱呼，他們證明了台灣新創不一定要從本土出發，了解自己產品、服務適合什麼樣的市場才重要。

余宛如

chapter
2

宇萌數位

XR實境產業領導品牌
台灣網路創業之星

經常閱讀科技、新創資訊的讀者，對於這幾年爆紅的AR/ VR科技一定不陌生，確實也有許多的新創公司投入資源研發相關技術。為什麼未來這項科技會成為全球矚目的焦點？跟我們的生活又有什麼關係？讓我們透過宇萌數位的創業歷程，感受一下AR/ VR離我們有多近，他們擁有的優勢又在哪裡？

company file

ARPLANET
宇萌數位科技股份有限公司

公司名稱 宇萌數位科技股份有限公司

創辦人 白璧珍

成立時間 2010年4月

網站 www.arplanet.com.tw

企業理念

宇萌數位科技（台北／上海／新加坡／矽谷）致力於AR創新科技發展與商業應用，為國內首波創櫃板公司，亦為國內VR/ AR/ MR實境產業領導品牌，並取得國家級第18屆與20屆創新研究獎、第11屆新創事業獎、亞洲AABI火炬企業技術轉移獎、經濟部工業局SBIR技術創新獎、數位時代台灣網路創業之星等殊榮，以自有研發技術開創國內互動媒體，客戶包含國內外五百強品牌企業等大型客戶，擁有前瞻科技與total solution之整合實力，創新應用與案例備受各方肯定！

最接近真實的虛擬科技

近年來，我們越來越常在媒體上看到VR（虛擬實境）、AR（擴增實境）、MR（混合實境，即以上兩者的結合；VR／AR／MR三者則經常被合稱為XR）這些名詞，但如果沒有使用經驗或說明，這些或許都會令人覺得有點虛幻。

AR的概念，是在手機等載具的螢幕上，顯示跟實際環境連動的虛擬物件，呈現虛實互動的效果；而VR則是在使用者戴上載具之後，進入另外一個實際上可能不存在的世界；MR混合實境比較接近AR的概念，但會把一些外界實體空間的概念整合進來。

宇萌數位科技，正是XR實境產業的佼佼者。他們曾經與《遠見》雜誌合作，在封面放上宏碁（Acer）施振榮董事長的照片，當手機鏡頭照到這張照片時，就會產生互動影像，成為所謂的「哈利波特效果」，將原來的靜態照片透過手機進行動態呈現。

另外，宇萌也與歌手方大同在演唱會中合作，觀眾只要掃描演唱會門票，就可以即時看到方大同聊音樂理念等的互動，讓主角即使不在現場，也能表達自己的創作理念。

近年AR技術快速演進，與3C、汽車、教育、影音等不同產業結合之後，就可以產生嶄新的情境、建立視覺體驗經濟的延伸，也是沉浸式體驗經濟的一環。

宇萌數位科技創辦人暨執行長白璧珍表示，二〇一〇年開始推廣AR技術時，其實能理解的人很少。但為什麼宇萌在大家都還沒有聽過這個名詞時，就開始進入這個領域？

白璧珍希望，AR不是一個技術名詞，而是應用在各個產業與領域；因此在創立時就務實地思考合理的應用方向，以便讓大眾容易親近這項科技。他們的第一套創業產品與教育相關，因為當時白璧珍的小孩才兩歲，也剛好有創業的想法，於是結合教育理念，讓孩子能透過AR互動學習，而不只是看影片或看書。後來宇萌更發展出進階的「AR教室」，讓小朋友透過場域和螢幕學習互動，增進手腦協調與親子互動。

之後，宇萌開始將AR結合商業，第一個案例是知名牙刷廠商希望透過鏡頭拍攝，在街頭的電子看板或電視牆上展現人們刷牙後的甜美笑容。當時的概念很簡單，透過AR技術也最容易達成。當初完成那個案例時，宇萌還是一個六人小團隊，接一個案子就可以養活團隊一整個月，大家都受到很大鼓舞，並繼續往AR的商業領域同步發展。

二〇一二年下半年，智慧型手機開始普及，而XR與手機應用的結合，在商業力道上也迅速加強——因為手機是每一個人都會隨身攜帶的載具，所以能幫助相關技術在生活上迅速普及，因而帶動可觀的商機。

這一路走來，宇萌在台灣已經奠定了基礎，在上海、新加坡都設立了分公司，更是經濟部中小企業處「亞洲．矽谷推動方案」力推的優良企業。

台灣發展XR的契機與優勢

白璧珍認為，台灣發展XR的契機與優勢在於人才。台灣過去以硬體起家，思維偏向於製造業，而在硬體發展之後，接下來就是發揮軟體的力量。台灣有很好的人才基礎以及很好的文化創意底蘊，所以結合技術與創意人才之後，就能成為新興的創業機會，也是台灣很好的立足點。

而XR則是一個全球同步發展的題材，所以「亞洲．矽谷」的概念是超越本地化，進而國際化。宇萌之所以能發展到海外，主要是因為聚焦於發展XR關鍵技術，有助於快速在各地建立品牌根基。

而在「數位國家創新經濟」的發展方案中，公部門對於XR相關的體驗經濟支持力道也相當大，不只有體驗場域的配套，再加上軟體服務的相關計畫，希望能支撐台灣的XR產業發展，例如在數位典藏的應用上面，雖然資料都已經轉成數位影像並且集中儲存，但若沒有被活化，觀眾也就可能沒有特別的感觸。透過XR技術，這些文史資料就有機會活生生呈現在大家眼前。

透過立體化、3D化的轉換，業者在規劃展覽場館時，就可以運用XR技術，將這些內容加以應用整合，像是在「數位故宮」中，人們就能走進王羲之的書法，或是漫遊在〈清明上河圖〉裡，創造出令人感動的體驗。

不斷檢視商業模式，找出利基

在創業的路上，原本就會碰到很多小石頭。創業第三年，白璧珍遇到了一位大客戶，但在花了許多心力耕耘之後，客戶卻於簽約當天無故消失。後來有人問白璧珍，公司如果沒有這個案子，會活不下去嗎？她想了想，其實不會。她在過程中持續調整心態，告訴自己「沒有哪個案子是不接到不行的」。後來團隊接觸到的客戶規模，已經是當初那位客戶的好幾倍。所以白璧珍認為，超越自己永遠是最重要的，找到自己的利基，讓別人一定得認定

宇萌在「2019未來商務展」所推出的AR點餐服務示意圖。

你。

宇萌的利基就是AR技術，而且為了確保技術領先優勢，他們每年的研發經費至少占營收三成以上。另外，宇萌也將AR應用模組化，並申請專利，讓更多企業可以使用AR技術，提供更有互動性的服務。今天，宇萌在XR領域裡已經可以說是第一品牌了。

女性創業者要做好備援系統

作為一位成功的女性創業家，白璧珍認為，在創業和經濟環境中，性別平等其實是個非常需要被重視的議題。

在性別平等法的推動、改善工作環境以及兼顧長輩照顧等議題上，台灣目前已有不錯的進展，然而，我們仍然可以在不同產業中觀察到一些因為性別因素而造成的差異，例如，我們往往會遭遇一些性別窠臼，有些人會認為「你是女生／男生，所以有些事情是你不該去做的」；對照之下，宇萌有不少女性工程師與程式設計師，他們認為，好的人才不應該因為性別而受限，能力才是關鍵。

又例如女性人士在科技領域原本是少數，而以男性為主的「群聚效應」，會讓女性創業者在募集市場資金時更加困難，所以多數女性還是偏好在零售批發這類領域創業；因此，若有出色的女性成為科技產業領導者，或是在科技業擔任高階主管，都是性別平等的重要標竿。

白璧珍指出，女性創業並不容易，而且創業時更無法切割工作與生活，在事業上，每天更要面對各種對於永續經營的挑戰。所以，女性在創業前和創業中的規劃非常重要，且在這些規劃中，必須包含一個有效的備援系統，「創業和家庭很難兼顧，為了創業而犧牲家庭是不合理的，為了家庭放棄創業或錯過適當的時機，也令人覺得可惜。當你出現某些想法想要實踐、想滿足人生的成就感、或想為社會多做一些貢獻因而考慮創業時，要審慎考慮的就是這個備援系統。」她舉例，如果有會議在進行，但時間到了無法去接小孩怎

宇萌過去也推出實境尋寶遊戲「Taipei Friendly GO!」，串聯起台北市450家友善店家及13家場館。

麼辦？所以，解決這類問題的備援系統就要設定好。

再加上現在這個時代又面臨了新的挑戰：家庭的功能一直在改變，過去大家庭可以協助分擔的功能，如今正在慢慢消失。現在多數是小家庭，女性的平均學歷比過去高，事業心也更強，但如果在工作上覺得疲累時卻得不到支援，也沒有備援系統，處境就會更加辛苦。

培養具有跨界能力的人才

白璧珍其實是中文系畢業生，並不是來自純粹的IT或資管背景，但現在的產業需要跨界能力，需要軟硬體、虛實通路、理性與感性、文化與創意的整合，所以對跨界人才的需求更多，企業也要不斷培養。

成為領導者的過程中，白璧珍自己也有許多收穫與成長。原本她覺得，創業就是「什麼都要自己做」，但後來發現，一個組織要能夠長大，必須懂得怎麼去教育、怎麼去信任並授權給下屬。

因為唯有不斷授權，員工、團隊、公司，甚至自己，才能更加健康茁壯。作為創業者或領導者，當公司成長到十幾、二十個人的時候，就不可能什麼事都自己做了，一定要有更大的藍圖規劃，思考下一步要往哪個方向移動、公司組織要如何在未來的方向發展出自己的競爭力。

面對快速變動的產業環境，培育人才也是經營的一大挑戰。白璧珍分享，首先，無論是性別、年齡或是角色，都不要先貼上太多標籤，因為一旦貼上標籤，在心態上就會把人歸類於某個框架之中，因而看不到這個人的優點，「更重要的是在人才培育這件事情上，我們必須清楚要賦予的挑戰和目標是什麼。當大家有一個共同的目標時，未來的面貌和機會就會更清楚，更值得創業者與團隊一同攜手挑戰。」

宇萌數位 × 創新力

- 機會點：台灣鮮少能將XR技術落地的公司，但XR技術卻能改變人類生活的很多面向，例如遊戲互動、廣告設計、行銷宣傳等等。
- 創新性：透過XR技術創造沉浸式體驗。
- 向善性：鼓勵女性創業家要有備援系統。

白璧珍：

　　在數位創新的趨勢下，創業是一連串不斷的挑戰，且沒有固定成功的方程式，唯有不斷在技術力與行銷力等面向力求突破，並且開拓市場新局，才能披荊斬棘往前邁進。創業也是學習認識自我和挑戰自我的過程，永遠要記得做超過能力範圍的事情，才能持續進步與成長。給願意築夢踏實的新創家一個愛的鼓勵！

彷彿定時一樣，每年世界上都有號稱「劃時代」、「革命性」的新科技出現，但一陣喧囂、塵埃落定之後，能實際被廣泛應用於人類生活中的新科技卻寥寥無幾。在這些新科技當中，VR技術和其衍生的AR、MR是個例外，像是社群媒體中流行的臉部濾鏡、2016年甫推出即造成轟動的Pokemon Go等等，都是AR的實際案例，顯示這項技術其實已經無痕融入到人們的生活中。

在台灣少數女性科技創業家白璧珍的帶領下，宇萌科技不但是台灣耕耘XR技術的先行者，也成為XR技術商業化應用的佼佼者，許多演唱會表演、廣告設計都可以看見他們的蹤影，客戶不限國界，是非常成功的科技創新公司。

而從宇萌成長茁壯的故事，可以看出新科技商業化的過程中政府其實也可以扮演更積極的角色，除了法規鬆綁，政策推動也是一種助力，例如行政院「數位國家・創新經濟發展專案」中，就有設計XR體驗場域，這對於XR相關產業的支持力道就相當大。

和政府設立金融監理實驗沙盒、自駕車試驗場域的邏輯其實如出一轍：新科技若不試驗，就無法準確評估它會帶來什麼樣的影響與衝擊，當世界各國都在追求創業創新，比的不是誰能一次到位，而是哪個政府最有「嘗試」的勇氣，願意先踏出那一步，才有機會在新興產業萌芽之際占得有利的位置。宇萌的成功經驗，證明了政府應該更加堅定地走在這條需要勇氣和魄力的道路上。

余宛如

chapter
3

ACCUPASS活動通

數位化活動平台工具
成為跨國新創公司

在台灣找活動，很難不透過ACCUPASS活動通的頁面，從露天電影、繪畫工作坊、戲劇表演至音樂會，各種想像得到的活動，都能在同一個網站獲得滿足，對找活動、辦活動的人來說都很方便。然而，ACCUPASS的野心並不僅止於台灣，目前也正積極拓展海外市場，打造跨國的「活動王國」。

company file

公司名稱	盈科泛利股份有限公司
創辦人	謝耀輝
成立時間	2010年
網站	www.accupass.com

企業理念

「ACCUPASS活動通」成立的理念是希望能「讓生活因活動而生動」，希望藉由數位化的活動平台工具，讓每一個活動舉辦起來更輕鬆方便，藉此孕育更多人與人交流的機會，創造每一個人的精彩生活。我們提供的是活動一條龍的整合服務，從活動前的活動宣發，活動中的簽到與現場互動，活動後的名單數據統計與內容管理，希望協助主辦單位更有效率地管理活動，提升活動體驗，並且提供一站式活動科技體驗，包含人臉辨識、活動集點手環、胸卡打印、雲攝影，每年服務超過五萬個活動，「讓每一個活動更成功」，也是團隊一直以來前進的動力。

從辦活動到成為新創的關鍵

在台灣，有一個專門以「辦活動」作為服務的新創企業，許多人都曾經使用過，那就是「ACCUPASS活動通」。他們的台灣區總經理黃柏翰便是我們所說的七年級生。年輕的創辦人或團隊，已經成了台灣新創的門面；也因為有這些年輕的團隊，新創不只是發展科技或產品，服務也可以自成一個不可取代的產業。

過去很少有單一網站可以統整各種活動體驗，包括讓使用者便於報名，以及主辦者統計參與者的資料，所以主辦單位必須靠自己慢慢累積活動紀錄，不僅人力需求大，也成為活動前期的負擔。ACCUPASS看見了這個商機，從統一報名介面、各式行銷活動，到會後統計資料，都一手包辦。不僅為主辦者省下許多作業時間，也讓參與者方便報名並安排行程。

更有效率與效益，提供更好的體驗

對於使用ACCUPASS服務的主辦者與策展人而言，ACCUPASS每天都在「拯救他們的肝」，並且讓活動本身的「效率」與「效益」都變得更高。而對這些人來說，這兩點正是決定活動成敗的兩大指標。

所謂更有效益，意思是過去辦活動時受限的問題，例如線上線下的整合，都藉由ACCUPASS的網站媒介而解決，因此行銷時程可以提早開跑，也更有時間選擇不同的廣告行銷工具、提早開始宣傳，並爭取更多曝光效益。

在效率方面，主辦者可以從後台清楚看到目前的報名人數，並且在需要時，透過通知系統，迅速以電話、簡訊或電子郵件聯絡報名者。在活動收款方面，過去主辦者必須先提供銀行帳號，讓參與者一一付款，再透過存摺核對對方的帳號與姓名等等，光是處理一個三十人小活動的帳務，就可能已經疲於奔命。

即使有網路銀行相助，上述的流程還是沒有簡單多少，主辦者還是得一一確認。現在透過ACCUPASS的服務，過程就會簡單很多：在款項收到的同時，票券就已經開出，所以消費者能安心確定報名成功，主辦者也不需要另外花力氣反覆確認款項是否入帳。這正是目前ACCUPASS所提供的最大價值：一方面給消費者更好的體驗，另一方

活動通在手機 app 上的使用介面。

面則協助策展人把創意與人力放在活動本身，進而促進他們的事業成長。

從台灣到海外的跨國活動平台

ACCUPASS這幾年的合作單位，除了企業、團體與個人，也包括了諸如「金曲獎」這類政府單位所舉辦的活動。過去，一般人所知道的金曲獎只有頒獎典禮部分，但其實它在策展方面還有兩個功能：首先是面對一般大眾的部分，也就是大家很熟悉的活動宣傳功能；另一方面，則是針對企業的商展交易，這是由ACCUPASS協助金曲獎主辦單位邀請世界各地的經紀公司、表演公司、藝人公司、設備公司、媒體等前來台灣，與台灣的藝人、媒體以及活動公司交流。

在有企業交流的狀態下，大家同時也去聽論壇、看趨勢、談生意，價值就出現了。ACCUPASS的角色是協助參加者的報名、提供活動名牌與現場進出控管；同時，參加者一天會出席許多場次，而這些資料都可以透過QR碼記錄，所以主辦單位就可以知道特定參加者出席過以及未出席的場次，進行詳細的資料管理。

ACCUPASS成立已有一段時間，近年重心已發展到國外，對於資本市場和募資都累積了長期的經驗，在中國也有一家姐妹公司「活動行」。在開拓亞洲市場方面，黃柏翰認為，許多國外策展團隊都已經非常重視數位化作業，所以ACCUPASS希望提供一個跨國活動平台。例如未來台灣的策展人如果想到香港辦活動，可以透過ACCUPASS在香港的合作單位進行；如果想在中國辦活動，則可以找「活動行」。ACCUPASS也期許未來能在新加坡、馬來西亞打入相關市場。

要走出台灣，當地的關係確實很重要，團隊之前開發香港市場時，也是跟香港當地的主辦單位有些關係，所以能很快找到第一群用戶；未來在新加坡、馬來西亞或其他地方，也都需要這樣的關係。

雖然台灣的開發經驗可以運用在拓展海外市場上，但部分在執行和推廣方面的手法，就會因市場而異，例如印尼就有當地特別的行動支付方式，這些都需要因地制宜，找到當地的伙伴，能讓主辦者和參加者雙方都更安心。

未來趨勢來自使用者的輪廓側寫

ACCUPASS認為，「資訊」是未來非常重要的資產，例如你在臉書上按了誰的讚、喜歡什麼樣的產品、對什麼話題感興趣，這些都是資訊；而ACCUPASS知道的，是你想要、喜愛參與什麼樣的活動，所以在參與者的側寫資料上更加精準。

藉由分析個人過去參加過的活動，ACCUPASS可以精準地推薦更多未來適合的活動或服務給使用者，而又不會讓他們覺得廣告意味太濃。

同時，黃柏翰也觀察到，「過去的環境是以大型活動為主，但在便利的活動輔助工具問世之後，未來中小型活動的比例會大幅增加。所以，培育新一代的策展人對社會相當重要，政府也應該更加關注。」

ACCUPASS看新創募資

ACCUPASS在二〇〇九年成立、二〇一一年推出產品，並獲得了A輪資金挹注。他們的經驗是，投資人會注意網路公司是否具備國際化的機會與能力，其次則是執行能力的強弱。

除了國際化與執行力之外，新創企業最重要的是必須不斷試錯、驗證。過去有很多東西是無法試錯的，但其實現在的網路工具提供了很多機會，可以不斷在驗證的同時進行修正，讓產品更趨精準。其次，則是必須要會解析數字。

黃柏翰認為，雖然每個人的觀點和角度都有差異，但如果是用數據溝通，彼此理解就會變得比較簡單，「投資人會問到很多市場面的問題，如果我們不會看數據、不知道錯在哪裡、不知道如何改進，投資人也不會對團隊有信心。」所以，最好可以用數字跟團隊或投資人溝通，而不只是靠籠統的「感覺」。

在目前的國際化趨勢之下，如何進用國外人才、如何拿到最大量的數據，都是非常重要的因素。他認為，網路新創公司如果一開始沒有國際化的想法，之後遲早都會碰到問題；其中「語言」只是最基本的因素，其次則是人脈與商業經驗，以及拓展市場的方法。因此他也建議，如果有機會的話，創業者真的需要往外走走，會讓人生觀與世界觀變得跟過去不一樣。

未來，ACCUPASS有兩個可能的發展方向：其一是「參與者」的部分，前面已經提過活動參與數據的重要，所以團隊在活動推薦會下更大的功夫；其次則是提供更多數據給活動主辦單位，讓他們更深入了解參與者的特質與組成，以便於現場互動，以及後續的再行銷。

此外，AACCUPASS未來將提供更多開放資訊，以供使用者介接，進行更多應用。

新創是一種精神

即便ACCUPASS成立已有一段時日，黃柏翰仍然期許團隊能一直保有新創精神。因為每個產業都在不斷創新，而現在的傳統產業也是從前的新創，值得深思的是，「我們這個時代的新創，和過去有什麼不一樣？」

黃柏翰認為，「新創是一種精神」。即使是Apple或亞馬遜這類大企業，他們陸續推出的許多產品和概念，仍然具備著創新元素，甚至包括鴻海在內的一些企業，還會鼓勵員工創業並協助他們做自己想做的事。因為，創新的精神就是不怕挑戰、不怕失敗，不斷思考如何把事情做得更好、更有效率。如果能持續保持這樣的熱情和精神，相信這樣的新創公司都很有機會成功。

此外，政府在法規方面也要給新創業者更多的空間。許多台灣的創業者普遍認為，目前有不少法規仍然對新創綁手綁腳，這些法規都需要在立法委員和相關單位的協助下鬆綁，這已經是創業者之間的共識。

新創在每個階段都會遭遇不同的挑戰，但新創精神就是不要怕失敗，並勇於創新。當公司成長到某個程度時，創業就不再是少數幾個人的事情，所以管理也變得更加重要。此時，具備以數據為基礎的討論能力，並且引進新的管理技能，都需要領導者更加用心，才能成為一家不斷成長、永續經營的公司。

黃柏翰表示，目前ACCUPASS在台灣的用戶已經超越一百萬人，也不斷地有各種規模的主辦單位提供很好的內容，像是演唱會、講座、運動、宗教活動等等，這也相輔相成，讓參與活動的人們能力更進步、眼界更開闊。

而這些使用者在活動之後，又會形成不同的社群，彼此帶來不同的生活經驗交流以及互相學習的機會。在這方面，ACCUPASS看見了活動需要的數位服務，也一直在創造不同的故事，本著新創精神繼續開創新的里程碑，希望帶領大家一同參與，也一同創造更理想的精神生活。

ACCUPASS × 創新力

- 機會點：市場上沒有單一網站可以解決舉辦活動時會碰上的各種需求，例如報名、宣傳、管理和金流等等。
- 創新性：搭建平台讓活動籌畫團隊可以輕鬆舉辦活動，並讓不同類型活動團隊彼此交流，串連起更大的生態圈。分析使用者參與活動的資訊，未來推薦可能適合的活動。
- 向善性：讓人群更容易聚集，不管是單純交流或是吸收知識。

關於新創，他們這樣說

黃柏翰

在數位創新的時代，要面臨的還有全球化的競爭，有時候你的競爭者不會來自同一個賽道，彎道超車的情況有可能越來越普遍，所以，台灣新創家必須不斷地進步，我們唯一不變的就是一直在變，而且要變得更好。在嘗試的過程中難免會有挫敗，不要害怕失敗，快速試錯並且重新站起來嘗試，才有進化的可能。

有的新創帶來「破壞式」創新，一方面淘汰既有產業中的玩家，另一方面開闢新產業、創造一批全新的參與者。但也有的新創是「輔助式」，或稱「漸進式」創新，就像ACCUPASS一樣，他們提出解決市場痛點的方案並非是為了顛覆產業，而是為了讓事情能夠有效率地完成，因此使用者在這個案例中是策展人、活動規劃者的接受度比較大。

ACCUPASS另外還有兩點特質值得分享：輕資產和注重生態系營造。現在很多新創都是靠技術起家，人力資本才是他們最重要的資產，因此可以迅速地依照市場需求做出改變，跟傳統支撐台灣經濟的製造業有很大的不同。值得一提的是，台灣自2017年完成《產創條例》修法，引進無形資產評價融資後，今年總算有三家新創藉此成功以IP融資籌資的案例，正式宣告台灣進入可用智慧財產、技術融資的世代，有助於科技新創的創立和茁壯。

除提供便利的活動輔具，ACCUPASS搭建的平台讓舉辦不同類型活動的人可以彼此交流，串連起更大的生態圈。而在人們逐漸重視體驗的趨勢下，可以想見未來ACCUPASS的上「體驗式」活動、工作坊會越來越多。

余宛如

chapter
4

Vpon威朋

透過大數據改善生活、交易與營運效率

為了讓顧客看見商品價值，行銷人無不絞盡腦汁。近幾年來，大數據似乎已經成為每家企業關注的議題，但大數據只能用來建立顧客關係、收集消費路徑或是分析產業概況嗎？培養「成長駭客」、每天灌注廣告資源提升流量，就能發揮大數據的功效嗎？看Vpon威朋如何應用大數據，針對垂直細分領域提煉數據的價值，改善人們的生活。

company file

Vpon

公司名稱　威朋大數據股份有限公司

創辦人　吳詣泓

成立時間　2008年

網站　官網：www.vpon.com
社群臉書（中）：www.facebook.com/VponInc
社群臉書（英）：www.facebook.com/VponBigData

企業理念

Vpon威朋擁有亞洲最豐富的行動數據，憑藉每月可觸及的9億行動裝置以及每日210億次可競價流量，並集合覆蓋亞太地區優質的媒體資源，為客戶提供最有效的數據核心解決方案。Vpon威朋的專業團隊遍布亞洲7個據點，包含台北、香港、上海、東京、大阪、新加坡、曼谷，協助超過1,500家品牌客戶。

創辦人兼執行長吳詣泓為Vpon威朋訂定了三個主要的企業文化：創業家精神，鼓勵員工試錯並快速修正，從錯誤中學習與進步；開放，透過扁平化組織與開放式的溝通，讓每一位員工的想法都能被看見與交流，共創最大的商業價值；利他，Vpon威朋深信唯有幫助他人成功，方能達成雙贏，同時也需關懷社會上需要幫助的人群，在自身有能力時回饋社會。

大數據翻轉行銷產業

你能想像，一家新創公司每個月要處理八到九億筆數據資料嗎？這正是Vpon威朋整個月接觸的「不重複行動終端活躍用戶量」。以一家使用大數據分析廣告投放的公司來說，這還只是「基本消費額」而已。

Vpon威朋的業務，是在亞太地區運用大數據進行廣告投放，每天處理的數據量大約是兩百多億次請求，而每一次廣告請求數據的背後，則是手機型號、手機品牌、用戶地理位置、使用什麼app、對什麼內容有興趣等等。所以，Vpon威朋聘用了許多程式設計師，以及研究數據演算法的科學家，目前在台灣、上海、香港和東京都設有辦公室，營運地區則涵蓋了整個亞洲。

AI和大數據是相輔相成的。數據就像原油，而AI就像開採原油的技術，最重要的是從數據中分層解讀，讓價值浮現，所以即便現在很多人在講AI，可是如果沒有大數據的支持，就像巧婦難為無米之炊，沒有辦法去提煉數據的價值。

藉由提煉數據，創造更高轉換率

Vpon威朋一直在做的，是透過不同的方法找出關鍵性的策略數據。分析方式基本上分為三個階段：第一個階段叫作「工人智慧」，第二個階段叫作「人工智慧（AI）＋工人智慧」，第三個階段才叫作「人工智慧」。

以「叫車app」為例，首先利用經驗法則判斷，經常有搭車需求的可能是商務人士，行銷資源就可以優先投放這個族群，並且篩掉學生之類利用率低的對象，這個時期稱為「工人智慧」，不涉及AI的技術。

第二個階段則是藉由基本常識判斷，將大部分資源集中在一小群人上，以產生有行為模式的「樣本」；把這些行為模式變成一種模型和演算法之後，再將行銷資源投放在這群樣本上，看看轉換率如何，然後再修正投放策略。通常這個期間會以三個月為一個基數，主要以人力搭配工具來分析數據，再導入演算法來分析這些樣本。五到六個月之後，基本上就不太需要人工介入，機器會自己媒合「什麼樣的人比較有機會使用這個app」，當然轉換率就也相對提高了。

目前全球的大數據分析市場中，Google和Facebook占據了很高的比例；面對這樣子的國際競爭，Vpon威朋的優勢在哪裡？Vpon威朋的優勢是專注在「旅遊」這個細分市場。在整體的數據方面，Vpon威朋必定比Google、Facebook，甚至中國的騰訊、阿里巴巴都少很多，但他們特別專注於旅遊數據。

創業有兩種路線，一種是做全球的市場行銷、做垂直的產品和服務，如果能做得很深、很專，變成全球最強，才有辦法打全球市場；另外一種則是專注地區性的市場、水平串接整合產品來滿足市場客戶。

假設Vpon威朋只想做台灣市場，那麼除了旅遊之外，就還要滿足時尚等不同產業的需求；如果想做全球市場，其實就只要把旅遊方面的數據做到最精就可以了。所以Vpon威朋的商業模式，就是透過旅遊大數據分析，來做精準的行動廣告投放。不過近期Vpon威朋也積極轉型，重新定位自己是行動數據公司，希望能開發行動廣告以外的商業模式。

從投放工具看行銷市場生態系

當傳統的行銷理論碰上大數據時代的行銷理論，引發的挑戰會是什麼？傳統的行銷理論其實就是做統計，但統計和所謂做資訊工程的差異在哪裡？統計比較像是我們去做一些假設，然後驗證；但大數據時代並沒有那麼多假設，因為很多的資訊根本看不出誰跟誰有關係。

舉個大數據分析的例子，大家可能聽過「尿布和啤酒的故事」：美國量販市場沃爾瑪過去發現「許多買尿布的人也會買啤酒」。以過去的行銷理論來看，我們不大可能在成千上萬的品項中發現其中的關連，可是現在卻是數據回過頭來以「後見之明」告訴我們，這就是大數據分析的特點。

在過去的行銷理論中，這個統計就是先假設，然後驗證，可是在資訊工程或數據科學這個領域，找的是關連。它不去做假設，而是找出物件之間在某個條件或情景下的關係度高低。這沒有辦法像傳統的方式一樣，在跑過一個模型之後就得到結論，然後才做「A／B測試」，而是在這個數據樣本裡，找到物件之間的關連。

Vpon威朋創辦人，吳詣泓。

這個的好處是什麼？就是一開始的投資比較小，但可以拿到有價值的樣本，而這個樣本就是做演算法的優先條件。

AI、大數據，台灣能不能？

台灣到底能不能做AI？在台灣，大數據的發展前景和機會是什麼？

既然講大數據，它的一個字就是「大」，如果做這個領域卻只關注台灣市場，就不可能有多大。所以Vpon威朋的用戶最大來源還是中國，這邊掌握的活躍用戶一個月可能就有六、七億，對於有心從事數據科學研究的人來說，上億規模的數據量才是比較好的基礎。

回過頭來看，台灣有沒有發展大數據的可能性？如果我們以全球為市場來進入大數據或AI領域，絕對是有機會的。像以色列這麼小的國家，在很多科技上也非常先進。所以如果思路是以全球為市場，整體的思考模式就會不同。

就Vpon威朋的經驗，我們發現台灣有很大的特色，也有很大的弱點，我們要知道自己的弱點，才知道怎麼推動自己的強項。台灣工程師的素質在亞洲數一數二，流動性也相對較低；中國的工程師經常跳槽，所以能量也比較難累積。

其他很多比我們先進的國家，工程師的薪資成本很高，所以很難發展出大規模的、體質好的科技公司；但比較落後的國家要發展科技，可能也會有些瓶頸。重點是我們怎麼看自己，以及設定的市場是什麼，Vpon威朋選擇從旅遊市場切入，就是看到旅遊業的國際發展性，能夠快速規模化。但無論如何，對於台灣發展AI及大數據產業，我們都應該保持樂觀的態度。

人才、資金、法規都是未來發展大數據的關鍵

台灣新創的困境通常有兩個層面：其一是資金，其二則是人才，而沒有資金是不會有人才的。但現實的狀況是，台灣目前的薪資能吸引好的國際人才嗎？

台灣在全球ＦＤＩ（Foreign Direct Investment，直接外國投資）倒數第五名、亞洲排倒數第二名，僅勝於北韓。這代表什麼呢？根本沒有活水進來。沒有投資進來，就不會有新創公司拿到錢；拿不到錢，就沒有辦法邀請好的人才進駐。

對於資金，Vpon威朋創辦人吳詣泓認為，雖然政府一直在思考訂定最低薪資、希望企業主加薪，但也許政府可以在投資新創公司方面大幅減稅，以吸引更多ＦＤＩ。

ＦＤＩ這種投資不像炒股票，今天熱錢進來，隔天就可以出去，是必須是停留在這裡

的。資金進來之後，每一家公司都會互相挖角人才，而所有人的薪資就會被拉動了。在過去這幾年之中，中國每個人的每年平均薪資增幅都是雙位數，其實大家都知道，中國挖角跳槽很激烈，跳一次就漲一次。

如果是一個相對小的經濟體，又吸引很多資金進來，人才市場自然會快速蓬勃；發展蓬勃之後，所有的人都可以適得其所，接著，就會連結到接下來的人才策略。

Vpon威朋團隊中有非常多外國人，包括來自東歐、捷克、瑞典、香港、日本等國的同事。外國人要進來台灣工作，也有一定的困難度，但這並不全是薪資的問題，而是沒有企業主願意或喜歡用外國人。這其中有個原因：語言，吳詣泓回想起第一次招募外國人，但對方只會講英文，而吳詣泓心裡得跨過去的門檻是「團隊為了他一個人要開始講英文」。對團隊來說，這樣效率是變高還是變差？

但吳詣泓也考量到，如果未來會成為一家國際公司，那麼遲早會有很多外國人一起工作，與其之後煩惱這個問題，還不如現在就把這個DNA注入團隊之中。

當公司出現第一個外國人之後，大家原本是很慌亂的，會覺得講英文令人緊張，那時候有些同事會留下來組讀書會、練習英文會話。後來第二、第三個外國人進來之後，現在整個研發團隊每天早上十分鐘左右的站立開會，已經都講英文，即使是原本害羞的工程師，現在也都能侃侃而談了。

剛剛提到，新創最大的問題往往是「資金」和「人才」，但吳詣泓認為，這兩件事情是有先後順序的，他主張先不用解決人才問題，一旦資金或者是經濟狀況好轉，有更好的合約和生活品質，外國人才就會爭先恐後想到台灣工作。目前台灣對外國人最大的吸引力，在於很友善的環境以及很低廉的生活成本，這是台灣的優點。利用這些優點吸引更多拓展國際業務的人才來台灣，幫助製造或科技思維的工程師對接全球市場，才能讓台灣產業更加提升。

台灣的經濟要進步、要吸引國外資金，必須讓風險投資人（VC）覺得有利可圖。首先是讓他們覺得資本利得可以降稅，其次是讓台灣的IPO（首次公開募股）資本市場更開放，不一定要賺錢才能上市。現在的法令環境，是「立了法之後才能做事」的思維，但這應該要轉變成科技的思維，因為新科技產生的每一個點，都是沒有法律的新境界，是無法規範的。我們要先把這些藤蔓剪掉，讓它先長大，長大之後再立法，立了法之後就課稅，形成一個良性循環。

另外還有一個問題，就是外資進不來。很多新創現在的問題是，一旦拿到外資，就必須設立境外公司。這樣對台灣好嗎？

提到法規的問題，台灣不只是法規僵化，而且法規背後還有一些既得利益者。既得利益者不一定不好，但他們會用現有法規保護自己，甚至反對修法，因為一旦修法，就可能對他們造成衝擊。

現在我們推動的一些法規，可能未來要等個五年、十年才有人受惠，但這些未來的受惠者現在並不會站出來要求修法，因為當下似乎跟他們沒有關係。我們在推動幾個新法時，都遇到這樣的困難；到最後往往推不動、或者變成折衷的結果。

讓新創與台灣一同前進

對於Vpon威朋未來的規劃，吳詣泓認為台灣的大環境在變好，只是速度比較慢。但若試著以較宏觀的角度來看，台灣現在最大的問題是心態——從政府、產業到民眾，大家都比較保守，偏向在既有的框架裡做已經懂的東西，對於不懂的東西則態度相當保守，甚至選擇不做。

吳詣泓建議，「政府的前瞻計畫應該做AI、大數據以及醫療相關技術，而不是做軌道交通；我們的前瞻計畫應該思考下個世代的需求，軌道交通等到蓋好、正式營運，可能需要二、三十年，但屆時別人發展出來的可能都是空中交通。我們應該提早一個世代思考，提前規劃出台灣的競爭優勢。」

Vpon威朋的未來，其實跟整個台灣的政策和方向大環境是息息相關的。目前追求的方向首先還是大數據領域，會先發展旅遊方面的數據，並且在這些選定的專業領域持續深耕。

數據的發展有很多可以選擇的方向，而Vpon威朋的方向，就是找出在各個不同產業中運用的可能性、提升它們的交易與營運效率。未來的五年，甚至十年，更會繼續思考如何透過數據改善人們的生活。

Vpon 威朋 × 創新力

- 機會點：全球市場上缺乏用大數據、AI技術等可以提供精緻化旅遊服務的業者。
- 創新性：以AI技術為基礎的數據分析。
- 向善性：願意聘用外國人，讓台灣新創生態圈更加國際化。

吳詣泓

這是一個變化非常快速的時代，創業要成功，需要結合高度、深度與速度。高度代表格局，要有打世界盃的勇氣與企圖心。深度代表專業，對於產業要有洞察力，才能打造有競爭力的企業。速度要因應變化，就算失敗，也要Fail Fast，快速找到生存之道，盡可能高速發展，拉開與對手的競爭差距。除了要飛高（格局），還要能接地氣（專業），更重要的是要能快速反應（應變），這樣才能建立新時代的成功新創企業。

台灣是個天然資源並不豐富的島國，因此，想要發展成物質和心靈都富裕的先進國家，必須依賴人才的培養，並打造以知識、技術為基礎的經濟體。這點在全球進入數位時代後，又加入了「數據」(data)這項元素，有了足夠及有價值的數據，人們就能更加有效率的運用有限的資源，並創造出更多價值，這是許多國家追求的發展途徑，而台灣與他們相比，其實站在一個有力的位置上。

台灣擁有大批高素質的理工科人才，雖然過去的經濟榮景讓他們大多投入電子硬體製造，但不可否認的，我們在理工基礎科學教育的實力還是非常堅強的，台灣也還是存在不少優秀的工程軟體設計師，未來他們都將是台灣經濟數位轉型的重要推手。身為小國，台灣更需要利用科技、利用數據在新經濟的世界地圖上取得一席之地，這也是為什麼政府不但在「5+2 產業創新政策」中納入AI產業，前瞻基礎建設計畫中，也包括了4年461億的預算做數位建設，積極建構國家級AI研發基礎設施，催生台灣AI產業。另外，行政院推動的「台灣AI行動計畫」還有兩項重點，一是人才培訓，二是運用台灣半導體產業在世界的優勢，全力發展AI機器運算所需要用到的晶片，目標促進台灣成為全球AI創新研發基地與AI系統輸出國。政府也和民間合作，2019年7月在行政院科技會報辦公室、經濟部指導下，產、學、研攜手成立了「台灣人工智慧晶片聯盟」(AI on Chip Taiwan Alliance，AITA，諧音愛台聯盟)，匯集國內外逾五十家指標性半導體與ICT廠商，以及國內大學及工研院等國家級研發機構，共同發展關鍵技術、加速AI產品開發，搶攻AI晶片戰略布局。

台灣首家人工智慧學校也在2018年初成立，提供不同背景的學員專業課程培訓，有系統、有計劃的培養台灣日益增加的AI人才需求。可以預見未來像Vpon威朋一樣，在台灣以AI為核心的企業、新創只會越來越多，讓我們有機會在不同的場景、領域享受AI所帶來的服務。

余宛如

chapter
5

圖文不符

以資訊設計解說公共政策
減少世代隔閡

在這資訊爆炸的時代，懶人包的出現，幫助了網路使用者快速地吸收資訊重點，但你可能不知道，在台灣讓懶人包爆紅的幕後推手——「圖文不符」團隊，其實更想讓大家把懶人包、圖像化資訊當成溝通媒介，拉近不同世代、人和人之間的距離。

company file

公司名稱 簡訊設計行銷有限公司

創辦人 張志祺

成立時間 2015年4月

網站 www.simpleinfo.cc

企業理念

「圖文不符」是「簡訊設計」旗下的社會回饋品牌，希望「以設計弭平資訊落差，並創造溝通的可能性」，他們相信資訊設計這個專業，能為社會帶來更多價值，因此，在創立簡訊設計的時候，便同時成立了「圖文不符」這個粉絲專頁。

過去幾年圖文不符製作了無數的資訊設計作品，其中較為知名的包括：智齒與他的快樂伙伴、史上最完整燒燙傷資訊圖表、捷運緊急防身術——讓我們來談談隨機殺人事件、塵暴是什麼？你不知道的台灣名人——蔣渭水、鄭南榕，以及股票的故事等等。

圖文不符期望能用自己的資訊設計作品，促進不同立場之間的溝通，進而凝聚出社會共識，讓社會一起往更美好的未來邁進。圖文不符對自己的期許與堅持共有三項：多元，盡力傳播不同的立場與觀點；真實，作品要真實反映我們的社會；發聲，立志成為社會中無聲者的聲音。

溝通不是吵架：圖文不符開啟世代對話

台灣最缺乏的風景，往往是理解與溝通；理解衝突背後的原因、積極溝通，讓社會靠近更理想的模樣。台灣網路媒體《關鍵評論網》每年舉辦「未來大人物」選拔，希望找出對台灣未來有想法的年輕人，並傳遞影響社會的價值。為什麼會選出這些年輕人？他們又如何成為未來大人物的代表？本文要探訪的這位「未來大人物」獲獎者，是「圖文不符」創辦人，張志祺。

對於張志祺來說，得到這個獎項其實相當意外，他覺得只是在做自己喜歡的事情，被冠上「大人物」稱號之後，壓力反而很大。有很多在做自己所熱愛事物的年輕人，並沒有特別想成為大人物，而是發現他們價值的人，讓他們變成大人物的。

成為「未來大人物」，帶給了圖文不符和張志祺更多被看見的機會。對於從事「資訊設計」的人來說，其實最難的就是「被看見」。無論是《關鍵評論網》社群，或是公部門推動公共政策的社群，都和圖文不符原有的社群不同，而當這些社群之間出現一個新的獎項來做連結時，就可以讓張志祺想做的事情、想表達的觀點被更多人看到。

「未來大人物」獎項的重點觀念之一，在於談「溝通」與「待溝通」。讓社會上許多事情的溝通更順暢，也正是圖文不符努力的方向。

當初為什麼張志祺會起心動念做圖文不符呢？成立之後又做了些什麼呢？事實上，都是從「溝通」這個概念開始的。

針對社會議題，以設計思維製作懶人包

張志祺剛創立簡訊設計公司的時候，並沒有人知道什麼是「資訊設計」，也沒有那麼多人看「懶人包」。源自PPT的懶人包，原本都只是文字，有時候並不那麼方便閱讀。為了解決這個問題，張志祺開始試著以設計思維來重新製作懶人包，並透過「圖文不符」的Facebook相簿來傳播。

圖文不符一開始先與公益組織合作測試，發現傳播效果很好，於是他們開始思考：許多世代之間、議題之間的衝突，或許能夠透過這樣的傳播方式，讓更多人看到，也更願意試著與同溫層外的人溝通。

於是張志祺開始以「廣告」的型態，把這些概念變成作品。換句話說，圖文不符等於是簡訊設計的一個大廣告商。在懶人包丟出去之後，網路社群開始發現「原來懶人包可以這樣用」，而且還有不錯的訊息傳遞效果，於是也開始找張志祺做懶人包。

除了懶人包之外，張志祺的團隊也做釋疑內容和互動遊戲。他們將專業投入社會價值

的傳達上，透過圖文不符與大眾分享看事情的觀點和脈絡，告訴大家「其實你可以這樣想事情」，或是「轉個方向看一下也不錯」。

是什麼讓張志祺相信，圖文不符做的事情是有價值的，所以能夠一直持續營運到今天？用資訊設計的方式幫社會團體說話，是一個新的嘗試，但他也經歷了一些階段，才真正相信這件事情真的有價值，能讓社會有所改變。

賦予不同世代、不同社群溝通工具

這個過程分成兩個階段：第一階段是在尚未成立公司之前，張志祺跟朋友一起做過「伊波拉病毒」與「亞斯伯格」這兩個爆紅的懶人包，前者被分享了三千次、後者被分享了一萬多次。這讓張志祺覺得，這個形式是可以吸引目光的，應該有持續發展的機會。

後來讓張志祺對這個模式更有信心的，是在推出「隨機殺人事件」懶人包之後。那時發生的隨機殺人事件讓社會大眾相當恐慌，許多人把矛頭指向玩暴力電玩的人或是思覺失調症患者，許多不理性的傳言讓社會陷入矛盾與不信任。但圖文不符團隊認為，如果只是把事件的起因指向這些標籤，真的能解決什麼問題嗎？可能不會，這樣只是指出了「可能有問題的人」而已，並沒有真的解決問題。於是他們做了一個懶人包，從捷運上的防身方式開始，談到整個社會的預防方式、如何建構社會安全網，以及其他國家如何看待這類事件等等。這一套懶人包引起了極大迴響，尤其後來隨機殺人事件再度發生，圖文不符又重貼了這則懶人包，也再度被大量轉載。

張志祺設計這些懶人包的目的，並不是要改變不同世代的閱讀習慣，它的出現並不會消滅「長輩圖」，但年輕人有了這個工具之後，就可以跟長輩進行有意義的對話。例如「一例一休」上路的時候，許多長輩都在抗議這個政策，但有了這個懶人包，年輕人就可以請長輩耐心花個十分鐘看完，促成兩個世代之間的對話。懶人包的效果，不在於直接引發面對面的議論，而是賦予不同世代一種溝通工具。

以資訊設計解說複雜的公共政策

除了上述的懶人包之外，圖文不符也製作了一些公共政策的溝通案例。有些公共政策的內容相當複雜，例如許多民眾非常關心的「前瞻計畫」，所以需要更平易近人的解說媒介。張志祺認為，「前瞻計畫」之所以複雜，部分原因是資訊散落在許多地方，而加上我們的傳統知識架構沒有打造好，所以人們無法從散亂的資訊中歸納出容易吸收的方式。

圖文不符如何把這些資訊整理成容易理解的形式呢？對於張志祺來說，理解資訊最快的方法，就是全部好好讀一遍，重新把資訊、脈絡以及可能的結論整理出來。

他指出，當我們以網路作為閱讀載體時，其實令人分心的誘因非常多，可能看了十分鐘，甚至不到三分鐘，就因為覺得「看不太懂」而跳出了。如果受眾沒辦法把全部的資訊讀完，就可能看不懂它所要表達的事情，所以如何讓大家容易理解，是非常重要的事情。以「一例一休」懶人包為例，這個休假新制是個複雜的議題，前因後果非常多，但無論如何，首先要做的事情是好好的把它看完。

圖文不符的做法是有專人讀資料，讀完之後做成一個簡報，然後向團隊介紹整個事件的前因後果；同時，團隊其他人也要關注這個議題並且提供反饋，才不會有誤讀的問題。此外，團隊成員同時也會整理出「可是我聽到網路上這麼講」的題材，並接受大家的挑戰。張志祺解釋，大眾在看文本資訊時，本來就會有不同的立場，立場不是問題，因為光是「選議題」這件事情，本身就是有立場的。想要做「前瞻計畫」的題目，一定是這個題目令人有疑慮，否則就不需要花時間做這個議題。

所以，有立場不是問題，而是你怎麼面對別人的立場，「我們團隊在面對不同的立場與意見的時候，採取的是比較包容的態度，要告訴別人的是，為什麼到最後會變成這樣的選擇與結果，以及它前後的脈絡。」

圖文不符希望做到的，是把脈絡抽取出來。在製作「一例一休」懶人包的時候，不會去指責任何一方，而是先假設這件事情有個良善的起點，只是之後因為各種因素而成為一個充滿爭議的結果。

讓大家理解立場背後的脈絡是什麼，並據以進行理性的討論與溝通，就是圖文不符一直想做的事。

創業之路，讓團隊與客戶同時變強大

張志祺說，他其實是不小心踩進創業這條路的。

他一開始原本只想跟另外一位伙伴開個四到八人的工作室，開心產出自己的東西。結果一時「沒有控制好」，轉眼就變成了十六個人。有案子就接之後，又暴增到二十多個人。這時候的他很緊張，但幸好有懂得經營的伙伴將管理知識帶進來，讓公司慢慢上了軌道。張志祺說：「創業就是一條不歸路，你做了之後就回不去了。」

在整個創業的過程中，圖文不符團隊是以打帶跑的方式調整團隊分工。張志祺一開始是設計師，但後來變成產品經理。之後團隊中有更多人變成產品經理，但營運管理卻沒有人做，於是張志祺又變成了管理者與經營者，不斷調整著自己的角色。

營運最重要的關鍵，是在角色轉換之中把事情做好，也讓所有人都清楚自己的角色以及彼此的權利義務，讓整個運作變得更加順暢。圖文不符團隊一直在追逐下個階段該有的能力，每天都在學習，也越來越謹慎。因為他們接觸到的人越來越專業、團隊越來越強、客戶規模也越來越大，所以不能只是停留在「一群年輕人一起做事」，更要讓他們信任自己的專業、變得有能力掌握更好的機會。

用社群集資力量，推動設計的創新

張志祺之所以能當選「未來大人物」，有一定的時代意義。對他來說，這個世代是個充滿極端意見的世代，但他的伙伴們卻是個很具包容力的多元組合，彼此都能夠友善相處；有的時候可能兩個人的價值觀就是不合，可是他們還是可以好好合作、產出很棒的作品，這是很可貴的事情。

他指出，其實每個人都具有溝通的能力、在日常生活中也有彼此包容的潛力，而這樣的態度，在社群上是可以慢慢被突顯出來的。有時候大家會說「網路上都是酸民或暴民」，但其實往往並沒有惡意，只是比較直接而真實的把自己的情緒表達出來而已。

然而，世界往往會被情緒淹沒，我們也經常因為立場對立而感到傷心憤怒，甚至陷入低潮，但這一點並不可怕，我們應該去理解對方的情緒，進而不被對方影響自己的情緒，如此一來，就可以更容易產生有意義的對話；反過來想，如果對方給你看到的是真實的情緒，我們反而更容易對上正確的頻率，看到最真實的彼此——這正是「圖文不符」透過「資訊設計」努力搭建的橋樑。

可以說，「圖文不符」從事的是一個新的產業，將設計轉變成敘事，再用新媒體去呈現，真正的「產品」則是溝通。而這位「未來大人物」又是怎麼思考未來？張志祺說，「圖文不符做的事情是社會回饋，這個本質不會改變，接下來也會更認真的做這些事，結合更多人的力量。未來，我們希望透過社群力量來協助溝通，用社群集資的力量推動設計的創新，並且回饋社會。」

圖文不符 × 創新力

- 機會點：資訊落差，不同世代、不同立場的人不知道怎麼彼此溝通。
- 創新性：將複雜凌亂的資訊視覺化，做成一張張便於解釋溝通的資訊圖表。
- 向善性：減緩同溫層、世代溝通隔閡，還有網路上淺碟思考的問題。

關於新創，他們這樣說

×

張志祺

在數位時代裡，大家都在比著誰能調整得更快。大企業通常得面臨很多既有組織帶來的各種限制，相較之下，如果小企業更能夠拋開束縛，就有機會在新的框架下取得先進者優勢，取得成功。

圖文不符能獲得廣大迴響，是因為某種程度上解決了網路數位時代所衍生出的兩個問題：同溫層、淺碟思考。

先來談談同溫層。有人說網路的出現拉近了人與人之間的距離，一段文字訊息、一通視訊電話，地理距離已經無法再阻隔人類的即時交流。但網路科技結合資本主義的結果，卻導致我們所接收的資訊其實是經過電腦程式挑選過後的訊息，這些只呈現部分事實的訊息，在我們身邊形成了一個個透明泡泡，將我們分類在不同的同溫層。換句話說，數位時代確實讓人更容易了解彼此的意見，但某種程度上卻也阻礙了溝通，因為大部分的網民都活在自己的同溫層內而不自覺。

再來是淺碟思考。在資訊量爆炸且資訊傳遞快速的年代，我們越來越偏好吸收簡單易懂的知識片段，對長篇論述型的資訊接受度越來越低，也往往忽略完整的來龍去脈，我們的表達能力因此受限。這些現象其實非常不利於自由民主社會的長期發展，因為公民沒有機會、也逐漸失去能力對公共議題做比較深入的理解和辯論，容易被情緒性的表達牽著走，網路為人類帶來近乎無窮的知識，但人們卻也變得越來越不喜歡思考。

從圖文不符創辦人張志祺的故事可以發現，其實他並非一開始就想解決這兩的網路問題，而是邊做邊學，慢慢發現資訊圖表的威力。他和他的團隊將複雜的資訊視覺化，做成一張張利於解釋溝通的資訊圖表，以懶人包的形式促進不同立場、不同世代間的對話。對比我們現在常聽到的「某某粉」，似乎都在影射一群不理性、無法溝通的支持者，圖文不符搭起了一座橋，要讓台灣不同的聲音、立場都能彼此對話。

余宛如

2

第二部

換上一顆數位腦

換上一顆數位腦

或許很多人會問道：為什麼台灣要進行數位轉型？自從筆記型電腦、手機、平板和智慧手錶等各種行動裝置普及後，人們生活中的大小事似乎就漸漸和網路脫不了關係，在我們身處的時代，幾乎什麼都可以透過數位化的方式處理，並將資料儲存在虛擬世界或是「雲端」，數位化似乎是一個無可避免的趨勢。

數位化的浪潮，也改變著國家的經濟發展組成以及治理的方法，現在青年創業很少不連網，公務人員、民意代表也密集地使用通訊軟體交換資訊。台灣因為有高素質的工程師人才，照理說應該在數位化、資訊化的應用上領先很多國家，但事實上，在九〇年代末期的網路泡沫之後，台灣的數位經濟轉型就停頓了，很多人對網際網路失去信心、不敢投資，使得台灣無法產生如Facebook、Google等在網路時代呼風喚雨的大型科技企業。

好消息是，台灣現在還有機會搭上下一波科技變革做數位轉型，但這次靠的不是網路（internet），而是智能資料（intelligence），我們必須深耕AI、區塊鏈、雲端運算、大數據分析等領域，打造高附加價值、高知識密集、低污染的創新經濟體，才有機會在全球競爭當中脫穎而出。

針對這點，政府在過去三年多做出的很多努力已經開花結果，資訊科技大廠紛紛投資台灣，像是亞馬遜就和經濟部簽約進駐林口新創園區，每年將提供二千人次的雲端運算專業訓練。微軟也選擇在台灣設置物聯網新創中心及AI研發中心，我們想要成為亞洲科技人才中心的目標正一步一步在實現。

不只是民間企業、產業需要數位化，國家如果想要在數位時代保持彈性、效率和競爭力，也必須換上一顆「數位腦」，從內部接觸新思維。例如台灣「開放政府」（Open Government）發展國際有目共睹，透過公開政府資料加強政府與民眾之間的互動，讓彼此關係更加透明互信，也才有第九章官民合作改善報稅系統的故事出現。整體來看，台灣其實很需要一個「資訊長」的角色，來統籌規劃國家資訊政策、推動政府數位轉型，並串聯民間和政府，盤點出一個個不合時宜的法規問題，踏踏實實地解決問題，才能順利為數位新興產業開路。

本部收入的五篇故事，主人翁都是透過科技解決他們碰上的難題、看到的痛點，從運用大數據建立點餐系統，改善數以萬計餐廳、小攤販的經營效率，到利用AI做石虎生態保育，相信看完你也會不禁大聲驚呼：哇！原來科技可以這樣用！

chapter
6

iCHEF

舌尖上的資料科學
餐廳POS系統的大數據應用

iCHEF是一套專為小型餐廳打造的銷售點管理系統（POS），它對來客數、食材備料的預測精準度已接近店長的人腦判斷，讓小餐廳具備與大型餐廳競爭的資訊能力，店長也可以擁有更多時間思考餐廳營運，還可以有效解決餐廳的剩食浪費。

company file

iCHEF

公司名稱　資廚管理顧問股份有限公司

創辦人　徐安昇、吳佳駿、何明政、程開佑

成立時間　2012年

網站　www.ichefpos.com

企業理念

iCHEF是餐廳設計給餐廳的POS科技，要讓小餐廳擁有企業級優勢。榮獲德國 iF的設計金獎肯定，是設計史上獲得最高設計肯定的POS，也是第一個整合臉書集點功能的POS系統，以及台灣、香港、新加坡、馬來西亞6,000間小餐廳的選擇。iCHEF 相信「科技、服務、社群」三位一體的品牌價值，致力於以 Sass Model 打造能成為小餐廳成長後盾的服務，讓開餐廳成為一門更好的生意。

POS系統：餐飲業的獲利命脈與新創的商機

民以食為天，而台灣又以特色小吃揚名世界。經歷長時間的美食薰陶，培養出人們對於特色美食的敏銳度，以及對食物的獨特評鑑能力。珍珠奶茶可以加冰、少冰、去冰，紅茶也可以加糖、少糖、無糖，看似簡單的一杯，就有千變萬化的可能。台灣人對於美食的挑剔，可以算得上是世界第一。

對於這些數量龐大的中小規模飲食業者而言，日常的金流和銷售點管理是很重要的，甚至是能夠獲利與否的命脈。因此，有許多業者已經導入了POS（銷售點管理系統），作為營業的重要工具之一。

從另一方面看，POS系統也是不少新創業者追求的商機。台灣有許多專門服務各種特色餐廳和小型店面的POS機台廠商，除了成功運用大數據協助營運之外，部分更成功移植到東南亞、新加坡、香港等商業環境類似的地區，成為跨國企業。

一台餐廳用的POS機到底有多少學問，往往開始做了才知道。這次讓我們來探訪廠商之一資廚（iCHEF）的程開佑先生，看看他們在開發過程中，經歷了多少挑戰。

一切從改善效率開始

iCHEF的故事，要從二〇一二年台北國父紀念館附近的牛肉麵店「麻膳堂」說起。

麻膳堂雖然是一家規模不大的牛肉麵店，但是餐點品質很好，他們甚至自稱為「牛肉麵店中的星巴克」。他們在經營的過程中發現，餐飲要達到理想的品質，必須回過頭來從改善效率開始；也就是說，如果餐點要好吃、價格要漂亮、服務要好、環境又要舒適，就必須有非常高的營運成本效率。

首先，如果能提高人員效率，那麼就可以擁有更高的競爭力。於是，麻膳堂開始尋找各種提升效率的方式，最後發現，維持人員運作效率的利器之一就是ＰＯＳ系統。在餐廳櫃台上出現的ＰＯＳ系統，看

iCHEF的設計，是為了改善效率，精準預估，甚至減少剩食。

起來跟零售業使用的POS機似乎大同小異，不過就是一部「結帳用的機器」；但餐廳用的POS系統有一個很大的不同，在於它同時也是「協助不同工作人員溝通的工具」，換言之，餐廳用的POS機同時也是一套「點餐系統」。

在沒有POS機之前，點餐過程只能靠服務人員交談、甚至叫喊「三桌一個餛飩麵、五桌一個牛肉麵」等等；或者是用手寫紙條傳遞，所以相當容易發生上錯餐點或是漏單之類的問題。換句話說，為了解決這些問題，技術所扮演的角色其實是「協助溝通」。

iCHEF的開發流程

但是程開佑發現，當時的POS機用的都是比較舊的科技，採用的是類似電腦資料夾那樣一層一層的結構，所以如果要使用的資料在上層，又得一路退出去，然後再回到下層，相當沒有效率。為了改變這件事情，程開佑前往美國、日本尋找不同的POS方案。當時國外確實有不少系統可以選用，所以他的團隊本來也想直接代理這類產品進來，但是卻也發現兩個問題：第一個困難是電子發票。台灣跟其他國家不同的地方之一，是需要開發票，所以必須另外裝設一台發票機，然而要另外裝設並且再連接一個原來沒有的機器，是相當麻煩的事情。所以他們必須找到一個解法，可以一次把整件事情做完。

第二個困難是，當時POS使用的iPad系統以及「行動點餐」的相關技術，都是專為大型店家設計的，操作上相對比較複雜，所以人員訓練的難度也較高，然而一旦訓練完成，工作效能就會很高。問題是，因為店員沒有辦法很快上手，所以必須安排一段過渡的訓練期，增加店家的成本。所以程開佑開始思考：是不是能設計出一套「不必學就會用」、「不需要管理設備」的系統？這套系統只需要iPad之類的平板就可以操作，不需要在店裡放一台店長還得懂得維護的電腦；除了可以開電子發票之外，是否可能在網路斷線時也不影響點餐？

把上面這些想法全部合在一起，就是iCHEF誕生的背景。

市場資訊的考驗

程開佑原本以為，這個產品大概兩個月就可以做完，但實作出來放進餐廳環境之後，就發現還是不夠好。後來整整做了一年，隔年才正式讓產品上市。

有許多人以為，iCHEF主要是賣給連鎖餐廳使用，但剛開始推廣時，主推的對象其實是新開的獨立餐廳，也就是說，iCHEF的使用者幾乎都是小餐廳的老闆。其實，規模越是小的獨立餐廳，就越難有單一科技產品可以滿足所有店家的需求，這也是為什麼過去通常只有需求一致的大型連鎖店，才有能力開發或購置POS系統。

舉例來說，像是「海底撈」或「鼎泰豐」等店家，都已經導入了較為繁複的POS系統來協助運作，又或是ZARA這類的服裝業者，其實不僅是表面看到的「快時尚」，背後其實都是大量的資料分析，用來找出消費者要什麼，或是這一季什麼樣的產品有機會賣得更好。所以在POS系統的領域，iCHEF的嘗試是一個很大的突破，他們把雄心壯志放在這些獨立店家上，而非連鎖餐廳，這是最具挑戰性的部分。

在成立iCHEF之前，程開佑擔任的是麥當勞的大中華區策略總監。他回憶，當年上班第一天的第一個任務，就是決定包括中國在內的所有共四千家麥當勞店面，有哪幾家「薯條要漲五毛錢」。如果沒有適當的數據，這個問題是根本無法回答的。原來，麥當勞的系統可以追蹤每一家店、每一個品項的銷售表現，以及每一次調價的時候，每一家店的價格敏感度。

當數據可以追蹤到這麼細緻的程度時，管理者只要設定一個敏感度的數值，只要特定店家是在這個數值以下，就是可以漲價的。也就是說，雖然表面上看起來是一個簡單的決策，但背後卻有著龐大的資料應用系統在支撐。

以大數據挖掘消費者的行為資料

麥當勞在整個中國的資料分析模式，其實是由新加坡提供的，這就是所謂的BI（Business Intelligence，商業智慧）的應用。而這樣的概念已經存在非常久了，早在統計學開始發展時就已經出現。也就是說，當我們近年開始談大數據時，其實這些觀念都不是最新的。但因為資料收集的範圍越來越廣、速度越來越快，所以才會發展出我們現在談的AI、大數據等學問。

「資料」和「資訊」之間有個很大的距離，就是想像力的差別。科技提升了工具的效率，也打開了資料運用的可能性，讓本來困難的應用變得容易。以前我們看得到的是「交易資料」，像是每一筆賣了多少錢、賣了什麼東西等等，如果有一個系統能夠把這些巨量資料累積起來做分析，就可以進一步獲得許多原本不知道的資訊。所以像是全聯、7-11、中油等企業，都在使用這些資料來做銷售分析的依據。

在過去，這些資料要不是難以記錄，就是沒有能力去分析，或是不知道它的價值和運用方式；現在，新科技的出現讓取得資料、分析資料變得更容易，但回歸原點來看，「資料來源」仍然是最重要的事情。舉例來說，悠遊卡之類的智慧票券記錄了市民的交通方式，而iCHEF就像是悠遊卡之於交通資料。在餐廳裡，iCHEF記錄了顧客的消費行為，以及餐廳裡發生的大小事情，然後再成為新功能的開發基礎。

機器與人的經驗法則

餐飲業已經發展了上千年，是個相當成熟的產業，也培養了無數經驗豐富的從業人員；因此，過去餐飲現場的許多判斷，都來自人的經驗法則。但在引進資訊系統的時候，系統和人類經驗的判斷，又有什麼樣的差別？為了解這一點，iCHEF做了一些研究實驗：他們的一家客戶是賣披薩的餐廳，提供了兩種餅皮：比較大的「拿坡里餅皮」，以及比較薄的「羅馬餅皮」。那麼，店家如何知道明天要多準備哪一種？

如果拿這個問題去問店長，店長可能會回答「哪一種賣得比較多，就多準備哪一種」；但如果拿這個問題問電腦，分析系統上記錄了九個月的交易資料，電腦可能會先反問：「哪一家店？星期幾？週末還是平日？午餐還是晚餐？」然後再根據資料分析提供結論。

電腦是從現象來理解狀況，而不是設計一個你必須遵守的固定規則。電腦系統永遠像是新生兒一樣，不斷在觀察這個世界。透過資訊，系統會告訴你可以怎麼思考，這跟過去光靠「經驗法則」做事，是很不一樣的地方，也是系統跟店長看法可能不同的地方。

後來，iCHEF又做了第二個嘗試：「預測一下，明天會有多少客人上門？」

一般來說，店長還有一個非常重要的工作，就是大致預測「明天會有多少顧客上門」，以便調度材料與人力。而iCHEF想做的，就是跟人腦經驗法則一樣準確的預測功能，看看能不能跟任職長達四年的店長做得一樣好。

為了這個測試，iCHEF開發了一個演算法，最後實驗出來的結論是：人類店長的預測值跟實際來客數相較，大概會有百分之三十誤差，而且總是

左起為iCHEF創辦人吳佳駿、程開佑、何明政。

會高估一點。這其實很合理，因為大多數店長都寧可多估，而不願意少估；而系統所做的預測，精準度其實跟人類差不多，但差異在於它不會多估，所以更接近實際數字。也就是說，由於系統排除了傾向高估的人性因素，所以預估會更準確，資源浪費的幅度也更小。

從這個結果我們可以知道，透過適當的訓練，電腦系統也可以擁有店長等級的預估能力。但真正有效的方式，必須是人腦與電腦的合作。從前面的例子來看，人類會傾向多估來客，但備料太多就造成浪費，然而，即便店長知道這個問題，往往還是不敢少估。原因很簡單：因為如果估得太少，導致有顧客上門卻沒有商品可以買，就會遭到老闆責備。如果有個系統告訴他「可以少估一點沒關係」，萬一出錯還可以歸咎給系統，讓店長願意考慮得更精確，餐廳的整體效率就可能更好。

在iCHEF的系統中，這個「來客預估功能」不需要額外費用或裝置，可以直接提供給餐廳業主使用，這就是雲端AI的力量。與之前的數位創新對照，雲端AI的優點之一，在於不需要另外投資硬體裝置，所有資料運算都會在雲端完成，而這些用戶端資料也會被記錄下來，成為其他創新應用的開發基礎。

開餐廳不是小生意，而是生存的拉鋸戰

即使是小型店家，只要能掌握科技的力量，就能擁有不遜於大企業的資料分析能力。小型店家可以透過自動化改善效率，再以分析所得的資訊優化流程，就有能力跟大型餐廳競爭。事實上，台灣整體社會的數位化水準是相當高的。如果各家餐廳都能藉由資料分析了解來客狀況，進而預估採購量，不僅可以精準掌控食材的運用、控制成本，甚至還可以有效解決餐廳的剩食浪費情形，這正是科技可以在另一個層面改善社會問題、對社會有所幫助的地方。

對於餐廳業者來說，這個系統的價值在於從開業第一天開始，就可以精準預測明天可能的來客數，去除了部分在經營與管理層面上的憂慮因素；長期累積的行為資料，則可以用來作為進一步優化與創新的基礎。讓我們用數據來看：iCHEF在台北市已經服務超過一千家餐廳、每個月一共服務超過三百萬人次的顧客。依照先前的例子，一家披薩店的資料預測可以做到八成的精準度；如果把台北市一千家餐廳的資料全部串接起來分析，同步進行明天的來客數預測，可以有多高的精準度？

這項科技的潛力是看得見的，認真經營的餐廳也會因而受益。當科技變得沒有負擔、沒有門檻時，經營者就可以更單純的把餐飲做好。iCHEF沒有辦法幫業主把食物變得

更好吃，但可以讓做生意變得更容易。iCHEF目前有百分之八十的客戶來自網路，在東南亞與香港的發展都非常好，也成立了香港和新加坡子公司；客戶則來自巴拉圭、南非、西班牙、英國、澳洲、日本、韓國、越南等國。

程開佑給小餐廳店主的建議是，如果每個月營業額超過二十萬（開立發票的最低標準），營業後的淨利有百分之十，也就是約二萬元，就可以考慮提出其中的百分之十，也就是兩千元，來提升營業用的軟硬體。

科技是創新，也是文化提升

創業之初，徐重仁先生曾經投資iCHEF一段時間。當時四位創辦人有人脈與機運，徐重仁先生更帶給團隊很多鼓勵與教導，程開佑表示，他們確實非常幸運，「在台灣，創業的門檻是很低的，但如果有人可以告訴創業者會遇到哪些問題、會經歷哪些階段、每個階段又會遇到哪些困難就更好了。」有成功經歷的人來分享經驗，的確可以讓創業者少走冤枉路。

對程開佑而言，科技創新其實不只是人類生活品質方面的提升，更可能會有外溢的效果，他分享了一個有趣的例子：二十世紀早期女權運動的發展，其實與電冰箱、爐具等生活家電進入家庭有關。這些電器讓家庭分工的效率提升，釋放出來的時間與精神，也讓女性得以思考更多事情。也就是說，科技除了帶給人們的發展，還能帶動文化的提升，因此除了追求成功之外，探索自己的人生、為社會帶來什麼樣的提升和改變，也都是創業者應該思考的課題。

iCHEF × 創新力

- 機會點：餐飲業者、小攤販的點餐設備無法讓業者進行數據化管理。
- 創新性：可以自動做數據分析且簡易操作的點餐系統。
- 向善性：科技改善中小型餐飲業者、攤販的經營困難。

關於新創，他們這樣說

程開佑

專注在台灣本土的在地需求，活用全球科技開發出深度符合台灣市場的科技。好好活用台灣市場的規模站穩腳步，然後再往世界邁進。創業只是個過程，新創只是個階段，要以打造持續成長的企業為目標，成為社會與產業前進的中堅力量。為此，不要怕狼狽，不要怕丟臉，不要追逐名聲。質樸的事才有力量，有好的商品才能行銷。

台灣是個以中小企業、微型企業為主的經濟體，曾經小企業主一只皮箱打天下的故事比比皆是，但那樣的盛世早已不在，在全球化、數位化的浪潮下，中小企業面對的市場競爭更加激烈，與大型企業相比擁有的資源也較少，一不小心可能就得退出市場，而「科技運用」將會是新時代中小企業重振旗鼓的關鍵。

iCHEF很聰明地看到了這個趨勢，並決定跳入解決一般中小企業沒有足夠的資金自行投入科技研發的痛點，畢竟，與其創業擠進已經非常擁擠的B2C市場，不如作為中小企業「升級」的後盾，做B2B建立完整生態系，幫人賺錢自己也賺錢，而他們選擇的，是台灣永不衰退的餐飲市場，提供一套系統幫助小攤販、小商家解決他們所有可能會碰到的問題。

例如除了單純點餐之外，iCHEF的系統還能透過大數據分析，幫店家決定原物料的進貨數量、新產品設計、人潮分析、人力資源配置等等，變成一家用數據做準確決策的企業，也拉近和大企業之間的技術、效率落差。

其實不只是餐飲市場的中小企業，台灣各行各業的中小企業都有共同可以科技化解決的痛點，例如小貿易商的提貨單據、信用狀等文件，就可以透過區塊鏈的技術認證，不但省時又節省成本。希望未來能夠看到更多這樣幫助中小企業的科技應用，讓台灣數位經濟轉型的腳步加快。

余宛如

chapter
7

DT42

是石虎還是貓?!
以AI促進野生動物保育

DT42將AI運用於石虎保育，開發出一套「石虎路殺防護」影像識別系統，能夠辨識動物或人類的風吹草動，再送出警訊或LED燈號，提醒路人車輛小心行駛、保護石虎，以達到生態環境的和諧平衡。對DT42來說，動物保育只是AI發揮無限潛力的一小塊應用，積極推動資料共享與協作平台，才是以AI驅動未來的真正關鍵！

company file

DT42

公司名稱 灼灼科技股份有限公司

創辦人 楊琬晴、陳伯符、陳嘉臨、鐘婉嘉

成立時間 2015年5月8日

網站 www.dt42.io

企業理念

DT42是由一群對視覺辨識以及機器學習充滿熱忱的團隊組成，成立初衷是「Make AI Affordable」。DT42主要提供在終端裝置上的影像辨識解決方案，所謂的終端裝置是指手機、監視器、家電以及無人機，讓這些設備在不需要連結網路、不需要上傳影像到雲端的情況下，就可以在終端裝置上完成影像辨識的功能，不但節省雲端傳輸與運算的成本，最重要的是可以保有資料隱私權。

為了有效率開發AI演算法，DT42也提供訓練端一個雲端介面，讓許多沒有AI專業背景的企業都可以容易地訓練自己的AI模型，例如大家比較耳熟能詳的AI監測防止石虎路殺的案子，就是使用雲端介面讓石虎專家可以客製化石虎偵測模型。再者，為了系統化部署AI解決方案到終端裝置上，DT42又開源了一個AI 通道專案：BerryNet，裡面串接各家硬體的SDK（軟體開發套件）以及上層的AI 架構，讓工程師可以跳過這些整合直接開發應用。

始於保育危機，開發有學習能力的AI影像識別系統

台灣石虎保育正面臨非常大的危機。

過去為了發展經濟、開闢道路，政府常常陷入「經濟發展」與「生態保育」的取捨之中。舉例來說，苗栗三義地區因觀光客眾多，原本的道路已經不敷使用，必須開發新的觀光道路，但新路線與石虎的活動範圍重疊，變成一項棘手的工程。如果能清楚了解石虎在當地的生態範圍、經常活動的路線，或許政府就可以做出更為適切、精準的決策，而這牽扯到另一項重要的因素：台灣對於石虎的研究嚴重不足。

台灣對於石虎的研究約莫近十年才開始，但實際觀察石虎的生態發展及棲地轉移，往往需要四、五十年的長期追蹤，因此，台灣生態學者所面臨的問題，在於石虎的長期研究資料都還沒有建立，石虎就已經因路殺、盜獵、棲地破壞等因素而快速減少，實際數量只剩下約三百到五百隻。

將AI科技運用於保育石虎的想法，起源於「台灣動物路死觀察網」（Taiwan Roadkill Observation Network，又稱為路殺社）底下「特有生物研究保育中心」的研究員，他們與中興大學機械系、DT42合作，以AI技術開發「石虎路殺防護」系統來推動石虎保育。

AI跟傳統演算法很大的不同點在於，後者已經由人類想好邏輯規則，前者卻是讓機器

自己從混亂的資料中學習分類、歸納，再做出判斷。以石虎保育系統的例子來說，每當收集到新的石虎影片時，DT42的技術開發團隊就會將影片傳入電腦上的AI模型，不斷提供影像識別系統數據資料，讓它從資料中自我學習、進而產生出有用的演算法，協助自己進行決策。

設計「石虎路殺防護」系統的過程中，DT42也碰到了不少困難，其中最大的問題，在於石虎跟野貓的特徵其實非常相似，有時候即使是人類的肉眼也分不出來；在這樣的情況下，開發者必須針對石虎的特徵，設計出更精準的影像辨識模式，並給予AI系統足夠的資料歸納出演算法，以便細分兩種動物。

好的AI要能舉一反三

未來這套影像辨識系統也可以應用到不同的動物保育需求，例如屏東的陸蟹、墾丁的綠蠵龜等等，為台灣甚至世界生態保育帶來更多正向改變。而為了達成這個目標，DT42不斷嘗試各種方法，希望能開發、訓練出來越來越準確的AI系統。

在AI學習的分類中，為了得到準確度較高的分析結果，很多系統會使用稱為「監督學習」的技術，意思是利用人工的方式替資料標記，例如直接在石虎的照片上標記「石虎」，在野貓的照片上標記「野貓」，直接告訴系統答案，再讓它自己歸納邏輯。

但實務上，由於系統從環境中獲得的資料量太大，進行人工標註其實是費時費力且不切實際的，因此DT42在開發「石虎路殺防護」系統時，導入了另一種「弱監督學習」機制，讓系統也學會自動標註資料。只不過這樣的自動標註機制，對於AI系統的學習結果好壞有著關鍵性的影響，它就像「AI模型的老師」，如果標註正確、標註品質夠好，AI模型就會越學越聰明；反之，如果它的標註錯誤百出，這個模型就會越學越糟。

除了「弱監督學習」機制，DT42也希望設計出來的AI系統能進行「增強式學習」。一般的機器學習系統，多半是先分析一批資料，學習之後產出AI模型，過程就結束了；而「增強式學習」機制則會持續分析新進資料，再以新的分析結果為基礎，調整原有的AI模型。換句話說，「增強式學習」機制擁有「舉一反三」的能力，會更快、更準確的修正出更好的AI模型。

開源專案擴散創新效應

DT42目前主要的客戶類型，大致可以分為兩種：首先是與「工業4.0」相關的廠商，現代工廠為了達到最佳的產能效率，需要將不同生產線的產品資料即時交叉比對，而

DT42的系統能協助工廠，用比較少的資料量和標註量歸納出檢測或機器操作的自動化功能，並且具備更好的效果。

其次則是與一般生活較為相關的應用，例如現在的監視攝影機多半只能做比較單一的事情，像是路口的監視、人潮流量計算等等。但當新的需求出現時，就可能會需要AI的協助，例如停車場管理者想追蹤某部車子的位置，並提供準確的轉向指示，以便協助車主更快找到停車位。傳統的做法必須由工程師研發出新的演算法，而現在DT42則可藉由攝影機每天拍攝車輛的進出路線去訓練系統，讓系統透過分析

DT42創辦人的陳嘉臨、楊琬晴。

資料自動找出解決問題的方法。

作為一家新創公司，DT42紮實的AI技術已經獲得多家國外媒體報導，在國際上的能見度相當高。但更難得可貴的，是DT42不斷強調「真心分享」的能量。DT42很早就有開源（Open Source）專案，這在新創界相對少見，畢竟新創通常生存都很困難了，怎麼還會讓別人有機會模仿自己呢？但他們進行這些專案並不是為了知名度，而是希望集眾人之智，做出真正對社會有用的東西，這樣才會有人注意，然後自然擴散，最後對社會，或是至少對某些人有所幫助，這才是真心分享的意義。

AI科技驅動的未來

DT42強調，由資料驅動的AI技術，將會使得下一波新創科技和以往有很大的不同。網路時代中，只要有一家公司掌握了網路搜尋引擎之類的關鍵技術，類似的公司可能就很難有生存空間；但在AI的世代中，即使某家公司用大量數據訓練出一個好的模型，這個模型也不見得能運用在其他情境中，也就是說，AI科技為新創企業提供了更難獨占、更加開放、可能性也更寬廣的發展空間。

然而，目前台灣在資料開放方面是明顯不足的，雖然有些銀行或企業會提供資料來舉辦黑客松比賽，但這類活動都是很短期的，技術研發也不太可能在這麼短的時間內就完成。而且這些資料通常在活動結束之後就不再開放，非常可惜。

由於開放資料對AI技術的發展至關重要，DT42呼籲政府應該伸手援助新創，除了鼓勵產業開放更多資料外，還可以建置協作平台，協助制訂統一格式等等；有了更多資料，新創企業就可以做更多測試與驗證，提供更好的產品與服務。

國際間其實已經有類似上述的資料共享平台，也有關於資料分析技術的社群平台，希望這些機制未來在台灣也會陸續出現。而在這個發展過程中，或許有很多法規需要翻新，但DT42期待這些障礙可以陸續掃除，讓環境調整到對於創業者更加友善的方向。

DT42 × 創新力

- 機會點：產業道路開發影響保育動物的棲息範圍，導致石虎路殺事件頻傳。
- 創新性：運用AI技術進行動物影像辨識，設計路殺防護系統，取得經濟開發與動物保育間的平衡。
- 向善性：善用高科技保育瀕臨絕種的動物，維護台灣生態多樣性。

關於新創，他們這樣說

陳嘉臨　楊琬晴

數位創新時代中要脫穎而出，需要提供創新的產品、服務與商業模式，先找靶、瞄準再射箭還不夠，還需要不斷快速地找靶、瞄準、射箭、找靶、瞄準、射箭，站在前線隨時觀察市場變化以調整方向，具有快速應變的動能，才有機會勝出。

AI的應用五花八門，從機器人投資理財、自駕車到醫療照護都可見，但仔細檢視，多數依舊是以利益為導向的商業應用，而鮮少見到用來解決社會環境問題，更不用說是「動物」的問題了，這也更顯得DT42團隊的難得可貴。儘管用高科技促進動物保育的團隊鳳毛麟角，他們卻呼應過去近十年來國際上的生態保育潮流，「里山倡議」。

「里山倡議」的理念，源自於日本2010年在名古屋舉辦的第十屆《生物多樣性公約》締約大會，「里山」這兩個字就字義上來說，「里」（さと／sato）代表人類居住的環境，「山」（やま／yama）則代表自然環境，換句話說，所謂的里山就是指鄰里附近的山林，是人類生活與自然的交會之處，而「里山倡議」的精神，就是希望透過增進農村社區的調適能力，促進農林漁牧等農業生產地景和海景（里山與里海）的活用，達到發展在地經濟、社會和生態永續的目標，這也和我在立法院內積極推動的「地方創生」政策理念不謀而合。

為深化「里山倡議」精神，台灣主管生態保育的機關林務局在2018年起啟動「國土生態保育綠色網絡建置計畫」，以國有林事業區為軸心，全面推動台灣國土生態保育綠色網絡的建置，營造友善、與社區參與之社會－生產－生態地景與海景，提升淺山、平原、濕地及海岸的生態棲地功能及生物多樣性的涵養力，串聯東西向河川、綠帶，連結山脈至海岸，編織「森、里、川、海」廊道成為國土生物安全網。

但我想在「里山倡議」的推廣上，大家印象比較深刻的應該還是林務局和台鐵合作的「里山動物列車」吧！讓大朋友、小朋友都有機會認識台灣各種珍貴的保育類動物。希望大家在坐上美麗的彩繪火車時，也能想到我們身邊的環境和動物，為永續發展盡一份力。

余宛如

chapter
8

Tico

勇敢Go Global！
打造最聰明且貼心的及時通訊軟體

歐洲最受矚目、也最令人期待的年度科技新創盛會Web Summit，素有「科技界的Davos論壇」之稱，更曾被《紐約時報》譽為「科技界的主教級盛會」，對有意進軍歐美市場的新創團隊而言，是非常重要的見習場域。用戶遍及全球五大洲的台灣「及時」通訊軟體Tico，創辦人楊皓宇帶領讀者一窺Web Summit現場，並從中分享他對台灣新創環境的反思。

company file

公司名稱	踢可有限公司
創辦人	楊皓宇
成立時間	2017年8月
網站	www.tico.app

企業理念

Tico是致力協助用戶在最恰當時機發送／接收訊息的通訊軟體，於全球5大洲、超過20座城市皆有用戶。不同於其他即時通訊服務，Tico以「通訊時機」為出發點打造社交通訊服務，並以「訊息類別」、「所在地點」及「使用裝置」打造特有「訊息過濾機制」，確保用戶在不同情境下能專注在當下最重要的訊息，解決當前社會所有人無時無刻皆在受到大量無用資訊干擾因而缺乏專注力的困擾。

公司核心價值是「打造最聰明且貼心的通訊軟體，讓所有溝通都發生在最好的時機」。

進軍歐美市場的科技新創盛會

在歐洲新創圈，應該沒有人不知道「Web Summit」這個活動。各種多元豐富的展演，加上每天超過數十場的專業演講和精彩好玩的交流派對，還有不知道下一秒會偶遇哪位大咖CEO的驚喜感，總之，不論是科技宅、新創迷，Web Summit都是取經必去之地。台灣「及時」通訊軟體Tico創辦人楊皓宇也曾多次參展，他眼中的Web Summit是新創公司邂逅投資人的絕佳場所，非常值得台灣新創團隊積極參與。

Web Summit二〇〇九年在愛爾蘭的首都都柏林發起時，其實只是一個科技人在飯店聊天的小小分享會，不料往後每年參加的人越來越多，後來幾乎是以二十倍以上的速度在成長。到了二〇一五年，參與者已經超過四萬人，如此龐大的人數讓都柏林當時的交通、住宿等城市公共設施無法負荷，主辦單位於是決定隔年移師到葡萄牙的首都里斯本舉辦。

身為主辦國，二〇一六年葡萄牙傾注了許多資源在這項活動上，例如活動期間從機場開始，整個城市都會有Web Summit的指標，路上的看板也都跟活動有關，就像是一場城市的盛會，或是科技圈的世大運。

六萬名與會者在活動期間除了門票之外，還有食宿、交通等觀光花費。此外，每個團隊參加活動時，不同階段也有不同的費用，即使是一般的參觀者也會花掉至少兩、三萬台幣，可見舉辦這場盛會附帶的產值是非常驚人的。葡萄牙總理也特別出席大會的閉幕儀式，力邀Web Summit繼續留在里斯本舉辦，而有鑒於活動順利、東道主盛情難卻，主辦單位因此決定未來十年的Web Summit都將在里斯本舉行。

楊皓宇表示，在Web Summit，有的人想找新產品、有的人想找投資者，各種事情都有機會發生，「特別是科技相關的創業團隊，不管是測試產品、做市場調查，或者單純建立人脈，對團隊發展都很有幫助。」而Web Summit最厲害的是，主辦方還做了專屬的手機app，裡面包含所有活動行程以及所有參加者的通訊錄，你可以標註並過濾自己覺得可能的合作對象，主動出擊聯絡對方。

在Web Summit的會場裡，到處都是科技公司，也都是未來的潛在客戶，服務性質的新創公司馬上可以拿到一大筆客戶資料，甚至投資人名單。同時，會場中也設有「投資人專區」，對於有意進軍歐美市場的新創團隊而言，Web Summit是非常值得投資參與的活動。

Tico 積極測試歐洲市場

楊皓宇在創辦Tico時，瞄準的就是全球市場，而且認為它的核心價值相當符合歐洲人「工作與生活平衡」的風格，所以楊皓宇參加Web Summit的目的就是要做產品測試，看看Tico是不是確實符合國外市場的需求。

「另外一個參與Web Summit的實際考量在於潛在用戶數。」楊皓宇分析。以台灣的社交平台而言，即使全部的人口都使用，最多也就是兩千三百萬人，但到了歐美市場，只要少數比例就可以達到這個數字，所以如果希望將產品推廣到最大的市場，就不能只著眼於台灣。根據楊皓宇的觀察，社交服務在台灣不太容易找到投資人，原因很簡單：大多數台灣投資人看的都是「使用者數量」，相對於軟體投資，國內投資人多半偏好投資硬體開發，即便是投資軟體，也都偏好工具類型。

就連接納新創的態度，歐洲市場也帶給楊皓宇很不一樣的經驗。出發前，楊皓宇自行整理了一份歐洲投資人清單，並寄出了許多電子郵件毛遂自薦，出乎意料的，他獲得了近百分之二十的回覆率，歐洲投資人會很明確告知是否喜歡他的創業想法，即使無法立即跟進，投資人也願意提供方向，讓楊皓宇繼續接洽。

「這樣的投資文化，確實和亞洲相當不同，在歐洲，新創產業的發展空間開放得多，但亞洲新創團隊往往必須靠自己讓各種條件到位，才有辦法開啟投資的對話空間。」他補充。

以「人」為核心設計的「及時」通訊服務

二〇一三年，Toetoe團隊（Tico前身）在檢視市場上現有的通訊服務軟體後發現，其實訊息的傳遞可以更有溫度、更有人性，不強調「即時」，而是「及時」，因此歷時約一年左右的設計研究與開發，Toetoe團隊於二〇一六年八月推出了即時通訊服務：Tico地點訊息。

Tico地點訊息最大的特色在於，使

楊皓宇相信，訊息的傳遞可以更有溫度，更有人性。

用者可以將訊息像寄放物品一樣存放在指定的地點，對方會立即收到通知，但需要在指定地點才能將訊息開啟，透過這樣的設計，Tico替使用者減少訊息量，讓用戶在不同的時間點、地點，只會收到每個當下最重要的訊息，因為他們相信，訊息在正確的時機被看見，比強調即時性的訊息還重要。

例如用戶如果想避免打擾已經下班的同事，但又有重要事情怕自己忘記需要通知，這時就可以將工作相關的訊息留在辦公地點附近，等對方進公司之後才會收到。換句話說，Tico讓每封訊息擁有屬於自己的範圍，因為只有明確界定出訊息的範圍，才有機會讓用戶重新找回不受雜訊干擾的訊息環境。

如此貼心、符合現代人通訊需求的設計，也難怪Tico甫推出即獲得熱烈迴響，而且不只是台灣用戶，許多外國人也有「及時」通訊的需求，讓Tico順利打入國際市場，服務更廣大的用戶。

台灣如何激活、改善新創環境

場景拉回台灣，從歷史角度來看，台灣最高峰期間曾經有超過二百家創投公司，共同創造出電子產業的極高產值。但《促進產業升級條例》於二〇一〇年退場後，由於對於創投投資沒有任何獎助或補助，台灣的創投就開始慢慢減少到僅約七十家，還在認真活躍的，大約僅存約三十家。

為了重新激活、改善台灣的新創環境，過去幾年政府其實推出了許多政策、立法，像是《產業創新條例》修法鼓勵天使投資，或是個人投資兩年內成立的新創公司可以抵稅等等。另外，金融法規也有所放寬，特別是金控公司投資創投基金比例可達百分之百，以擴大創投資金來源，讓更多新創團隊得到挹注。

除了資金方面鬆綁、外籍人才的任用條件也放寬，讓不管是本土新創或是外國人前來台灣創業，都可以順利僱用適合的人才。

勞基法的修改，也是一個對新創團隊友善的改進。簡單來說，勞基法最根本的問題在於用一套法規套在所有人身上，這本身就是一件不可能的事情，大多數的新創公司負

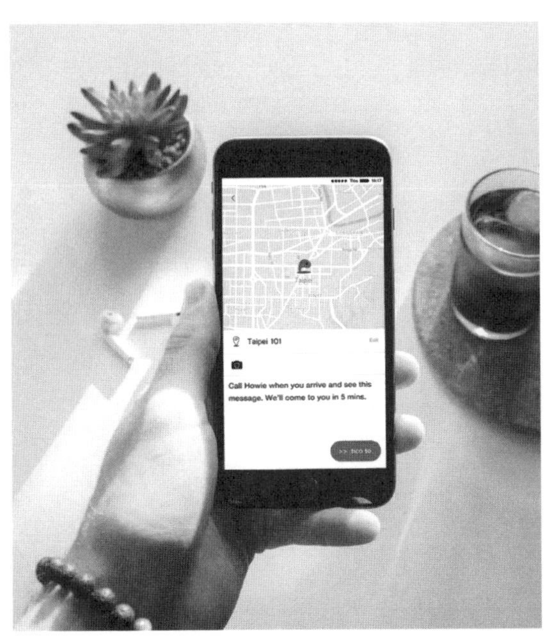

「Tico地點訊息」最大的特色，是用戶得在指定地點才能打開訊息。

責人，其實都可以說是「沒有資方福利的資方」，在法規的適用性與解釋上，稍有不慎就會落入對自己不利的陷阱。

然而，這也是整體社會文化的問題，修法很難一步到位，過於頻繁的修法也不恰當；只能鼓勵政府提供更多彈性，讓新創公司自由運用，或許會是短期內比較好的解答。

Tico 對於台灣新創工作者的建議

台灣的先天劣勢，在於市場相對較小，楊皓宇因此認為台灣創業者其實可以不要將自己的重心侷限在台灣，儘量踏出國門去嘗試。當然，並不是喊著「走出去」就一定能成功，但起碼要去嘗試，夢想要大一點，才有可能實現。

另外，台灣的投資人其實很聰明、也很精明，所以新創拿不到投資，不一定是因為產業圈沒有錢，也有可能是產品不夠好。楊皓宇建議，創業者需要轉換心態，要理解「募資不是創業唯一的路」，如果產品真的很強，即使不靠募資也有機會存活。

至於政府改善新創環境的措施上，楊皓宇認為，許多公部門想建立新創園區或是科技創業園區的「生態系」概念很好，但台灣其實已經有很多因應各種計劃而成立的辦公室，繼續加上「生態系」可能會疊床架屋。

所以楊晧宇建議，或許可以先不從「建立園區」開始，而是以新創工作者在經營共同工作空間時得到的經驗出發，從裡面找到具有「聚落」（community）概念的人，他們不僅有經營的熱情，也會發自內心思考如何經營；只要改變一下順序，再加上政府的資金挹注，或許整個園區的能量就會很不一樣。

像是「社企聚落」、「生態綠」等社會企業，就是「聚落中的人更能了解聚落需求」的案例，有了政府資源支持社企團隊，才更容易成功。無論是經營聚落、園區或是生態系，並不是有辦公室、桌子、椅子就能成功，「人」才是真正的核心。

Tico
×
創新力

- 機會點：訊息無法在適當的情境跟時機傳遞，因此嘗試作出在即時通訊之外，更以人為核心設計的通訊服務。
- 創新性：「及時」通訊服務。
- 向善性：訊息能在適當的時機和場景被看見，才可以屏除現代人生活中過多的雜訊，讓未來每一次打開訊息的瞬間，都可以獲得更多驚喜與期待。

楊皓宇

台灣有著相對穩定安全的經濟系統與市場，做為各種創新概念的實驗場，本就合適；同時，未來相當一段時間內，在中美貿易戰之下，台灣將成為備受關注且期待之市場；再加上台灣擁有足以成功訓練出在世界各國各大新創公司就業人才的教育系統，以上都是台灣發展新創的優勢。

台灣團隊真正需要的是有更多「自信」，相信自己有足夠實力與條件能開拓廣大海外市場，不要在「地理」與「心理」條件上侷限了自己的視野與想像。從第一天就想著出海的場景，造的船才真的有機會下水。期待未來看見更多勇敢出海的團隊，掛載著台灣的旗幟，讓世界看見台灣。

Tico的創業經驗，提醒著台灣新創其實應該要善用網路科技無遠弗屆的優勢，替自己打開更大的市場。一個國家人口少，因此市場小、機會少已經不是對創業者的限制。看看本書第四部，瑞典和以色列代表的分享，兩個國家分別被稱做「北歐新創之星」和「中東矽谷」，他們新創事業能夠蓬勃發展的因素之一，就是因為多數的新創從創立初期就有瞄準全球市場的野心，他們的產品、服務程度國際化程度比一般新創來得高，才能吸引全世界投資人目光，形成良性循環。

Tico創辦人楊皓宇對台灣新創產業發展的歷史和轉變也有深刻描述。以往的政府並非不重視新創，畢竟台灣就是中小企業打拚撐起來的經濟體，新創事業對經濟、就業的貢獻無庸置疑，但過去政府的幫助往往流於形式，從上到下的新創政策制定模式，也讓第一線聲音無法進入公部門，政府不了解數位經濟時代新創到底需要什麼，怎麼幫助他們是最大問題。

2010年《產業創新條例》接手《促進產業升級條例》，成為主導台灣產業升級轉型的法規後，民進黨蔡政府時代進行了幾次修改，納入了天使投資基金、有限合夥事業投資新創租稅抵減的優惠。同時政府對新創產業扶持的政策力道也逐漸加強，更重視「人和團隊」而不是新創聚落這樣的硬體設備建立，過去四年政府積極帶領台灣優秀新創團隊出國進修、比賽、鏈結國際新創資源，國發會底下的「亞洲・矽谷推動方案」、「優化新創事業投資環境行動方案」、「創業天使投資方案」都是改善新創環境的相關計畫。

身為新創立委、社會企業創業家，看到台灣連續勇奪世界經濟論壇（WEF）評比的全球四大創新強國，備感欣慰。我可以自信地對有想創業的人說：「台灣各項資源已經備齊，就等你們投入熱血跟創意！」

余宛如

chapter
9

IxDA 台灣互動設計協會

從使用者體驗出發
加速政府數位轉型

過去的報稅軟體彷彿無字天書，報稅過程困難重重，常引發民怨。為什麼電子化報稅系統竟然比舊時人工紙本報稅更難使用？勇於提出建言的青年透過「公共政策網路參與平台」提出異議，IxDA 卓致遠從使用者經驗出發，開啟了官民合作的軟體改造工程，也讓政府的數位服務跨出了嶄新的步伐！

company file

IxDA
TAIWAN

公司名稱 IxDA Taiwan 台灣互動設計協會

創辦人 林居穎

成立時間 2010年10月

網站 www.ixda.org.tw

企業理念

IxDA Taiwan台灣互動設計協會(Interaction Design Association Taiwan)是專注互動設計的國際大型組織在台灣的分支，不僅是台灣設計教育的開拓者，也是持續關注社會發展的發聲者，IxDA於2010年成立，在台深耕7年，致力於秉持總會宗旨，以在地化的社群力量，持續匯整來自產官學界的能量，以互動設計提升台灣產業與體驗。

體檢公部門的線上服務

新創公司在發展初期，最讓人頭痛的除了設立公司，還有業務必須的報稅問題，都會讓創業者無法專注於開創產值，反而花時間在繁複的會計稅務問題上；報稅軟體若不好用，不只拖延了報稅進度，也消耗了新創發想創意的寶貴時間。至於報稅軟體為什麼難用？我們先用另一個案例來說明。

因應新創產業的需求，財政部開設了「線上設立公司」一站式服務，雖然立意便民，但卻也讓創業者在使用時發現許多操作上的困難。譬如共同創辦「望月女子谷慕慕」（Good Moon Mood）女性用品品牌的陳苑伊分享，「很多線上的服務很發達，讓我覺得還要跑實體太麻煩了，結果實際去試著申請後發現，好像沒有看起來那麼簡單。」問題出在哪裡呢？為了操作申請系統，即使先閱讀常見問答的說明，或是網路上的教學文章，還是沒有辦法很順暢的使用，隨時會有許多專業用語需要了解；好不容易流程跑完了，卻遲遲等不到申請成功與否的回覆。

詢問後才發現，即便是系統上說明了可以不需親自跑流程，但真正到了最後一關，公部門單位卻沒有收到送件資料。原來部分文件還是要人工親送，出現了線上和線下無法整合的情況，但真正的問題出在哪兒，有可能是一紙公文即可改變。即使如此，一站式設立公司的網站還是有好用的地方，例如基本資料、個人資料、公司地址等等，只要填寫一次，就會自動生成在每一份需要填寫的文件內，這個設計是讓使用者非常肯定的。從這個例子可以發現，過去公部門設計的網站，會出現線上線下系統整合不流暢的問題，使用者也找不到可以詢問的管道，便民的美意反倒成了擾民。

公共平台提案，成為改變契機

然而，民意是會促使主管機關進步的。就像電子報稅軟體從剛開始也只有Windows版系統可以使用，之後才開發了Mac版本，今年更開發出最新的網路報稅系統。民眾透過在公共平台上面提出「報稅系統難用到爆炸」的提案，引起公部門高度重視，並立即召集各方討論、進而著手改造報稅系統，新的報稅軟體因而產生。更有趣的是，提出問題的人自己本身就是具有解決能力的使用者。

是什麼樣的契機，讓IxDA Taiwan台灣互動設計協會的卓致遠——一位普通的報稅軟體使用者，成為報稅軟體問題的解決者？

當時，卓致遠想起「台灣月亮杯」在公共平台連署，進而改變法規的經驗，因此決定把報稅軟體的使用問題也投書到公共平台，想測試看看這件民眾都覺得不會改變的事情，到底有沒有機會改變。當他還在想著要號召親朋好友一同連署時，發現隔天財政部就以公文回覆改進訊息，這一次主管機關的回覆效率竟快得驚人。原來，公民政策參與平台的設計中就有一位政府聯絡人，當民眾提出建議時，系統會將訊息直接發送給聯絡人，才能有這麼高的回覆效率。

卓致遠是使用者，也是一個促進「使用者體驗」的軟體設計師，而對於主管機關來說，也的確是第一次遇到「提出專案的人也具有解決問題能力」的情形，於是就邀請他一起加入報稅軟體的修改規畫作業。民眾在公民政策參與平台的討論，成為促使部門與廠商改變的施力點，讓重視「使用者體驗」的設計師卓致遠有機會加入，共同商議怎麼樣把使用流程改得更好，讓民眾更容易使用。

數位創新，必須從好的使用者體驗出發

卓致遠指出，民眾在使用公部門的線上服務時，經常產生「使用者體驗」欠佳的狀況，或是因步驟流程沒有很準確傳達而遇到問題時，多數人也會產生不好的情緒，有些人甚至可能直接把憤怒丟給設計者。

對設計者來說，民眾這樣的直接反應，一方面無法清楚指出問題核心，一方面自己也

必須處理情緒不去影響心情，其實反而讓效率變得更差。對民眾而言，體驗不好，自然也就不會去使用新的服務。

以報稅而言，背後其實有很多「扣除額」之類的背景知識，過去紙本報稅時代，文件上有教學可以翻閱，或是可以找人諮詢；但在網站上使用報稅軟體時，大家並不習慣在使用網頁時還得同步閱讀說明——這就是使用者體驗不佳的例子。

雖然民眾使用的是數位工具，但是最快的捷徑竟然是一張紙本的實體說明書。習慣「瀏覽」的數位使用者不太會去「閱讀」，所以上述的使用情境並不符合網路使用習慣；當相關資訊放到網路上時，完整的資訊往往變得破碎化，反而不容易理解。

卓致遠分析，原本的報稅軟體，是用方形和菱形畫的「工程用流程圖」作為介面，創造出一個其他軟體上看不到的邏輯。「工程用流程圖」會把所有資訊都攤在眼前，但使用者無法一次看完、也不需要這麼多資訊，他們其實只需要知道「目前自己是在哪一個步驟」、「這個步驟能有什麼選擇」就夠了。

所以卓致遠設計時首先要改善的重點，就是從「使用者思維」出發，讓介面上不要存在過多的雜亂資訊。終於，在二〇一九年報稅季，政府還給人們一個從使用者經驗出發設計的軟體介面，新的網路報稅流程變得簡單又迅速！

改變帶來衝撞，衝撞卻帶來無數未知火花

我們一開始接觸新的東西時，往往會問：「它可以幫我什麼？它背後有什麼問題？過去有沒有人做過？那他做的過程是什麼？」這些都需要時間去思考、釐清、整理。

像是「報稅軟體爆炸難用」這個事件的過程中，要怎麼讓公務員敢去做事情？傳統來講，大家可能覺得多做多錯、少做少錯、不做不錯。其實像我們現在有感覺到，有些新東西因不好用而產生抱怨，這件事情其實除了提出什麼地方不好用，要改進以外，還是需要給予一些肯定，至少政府部門願意去做新的東西。

如何修正錯誤並變得進步，而不是一直抓著錯誤不放，民眾也需要學習，因為面對改變時可能會有錯誤發生，嘗試新的東西不可能一開始就保證完全對，一開始就保證不會出錯，它一定不是新的。台灣談創新有一個關鍵問題，在於我們社會的容錯率太低。政府部門今天發現某個個案可能引起一些話題，就會因為這個個案而修改法令，但改了法令又可能阻礙了其他案子，反而出現盲點、動彈不得。

由於公務員擔心受到責難，以致於不敢容許討論空間，這樣的問題在台灣其實一再發生，公務員因為不想遭到責難，所以往往缺乏銳意革新的動力。如果我們希望得到更多創新空間，我們就要讓公務員敢做，並鼓勵他們做得更好，但相對的，對於他們的工作

成果，也要更有包容心。不要任何事情都指望政府改變，要從自身做起、試著改變政府與民間的溝通形式，任何人都可以成為「公共政策網路參與平台」的發起人，將想法與建議廣為宣傳、也讓政府部門知道民意所在，進而調整改革的方向與動力。

這一次報稅軟體能夠有突破，就是一個很好的案例，讓政府部門更理解使用者經驗的重要性，或是站在以服務人民為主的方式，讓政府運作流程數位化。

比起公部門閉門造車，民意的推動往往更能反應現實狀態，當公部門親近民眾，聽見彼此的聲音、了解各自的難處，未來在眾多公共政策的推動上將更能跨出步伐。

IxDA × 創新力

- 機會點：線上報稅系統複雜難用，線上、線下也沒有整合好，反而比原本的紙本作業更不方便。
- 創新性：以人為本，設計好的使用者體驗。
- 向善性：改善政府的報稅系統，讓國民能更有效率的繳稅，也讓政府學習如何提供「以人為本」的公共服務。

卓致遠

期望大家在創新的過程中，要在企劃數位服務時更貼接人性，在設計執行時常與使用者接觸，才會做出精準有感的互動，讓你的客戶、顧客與使用者們能在你們的提供服務中擁有更多價值。

報稅系統優化是民眾參與公共事務、提升政府效能的成功案例之一，但這個故事也突顯出政府組織架構、思維數位化不足的問題，政府公務系統數位化不是單純建立一個網站就好，還有使用者體驗、線上線下整合等細節需要注意，才能真的進化成數位政府。

這裡就不得不提英國轉型數位政府的經驗。英國早在2005年就設置了政府資訊長，並開始著手進行E化政府的工作，但數位化成功的分水嶺，是於2011年成立、直屬於首相內閣辦公室的政府數位服務團隊（Government Digital Service，GDS）。GDS在成立隔年就推出了GOV.UK，一個能簡單、快速、清楚了解英國政府所有公共服務的單一網站，到了2014年，已經大致取代了所有主要部會與法人的官網。此外，GDS也讓使用者可以安全地利用線上認證使用公共服務，並更進一步的提供線上付費功能，提升使用者經驗。

英國數位轉型的野心，不是只採用工具、技術與科技，而是希望徹底打破政府各部門間的疆界，從內而起改造政府組織，植入政府的數位腦袋與基因，改變政府思考與做事的方式，完成政府數位轉型的最後一哩。

GDS從橫向切入，打破政府部門間的籓籬，提升公職人員數位能力與數位思考方式，也為未來的數位政府的組織改造，做了明確規劃，希望能幫政府延攬與留用數位人才，讓數位公僕可以從技術面的角色，切換到政策幕僚與執行的角色。GDS不但有配套，做法也很細緻，據說定義出37種數位公僕，就花了一年多時間與政府各部門代表不斷開會。

余宛如

反觀台灣政府，在2018年中三讀通過了《資通安全管理法》，重新建構政府資安危機處理架構，將資安層級大幅提高，但我也大膽的提出政府資訊長四法，期待未來能有更多了解數位政府重要的伙伴加入這個行列，為政府換上一顆數位腦袋，打造數位治理的新引擎！

chapter
10

台灣數位外交協會

公民自主外交
以數位策展提升台灣聲量

年僅二十六歲的郭家佑，透過「數位外交」來推廣台灣，創立台灣科索沃文化交流協會，隻身前往巴爾幹半島的新興獨立國家科索沃。他們善用社群媒體讓當地人有機會認識台灣，同時積極幫助科索沃爭取數位網域的國際認同，並以數位策展方式增加雙邊交流，達到台科之間的互惠。

company file

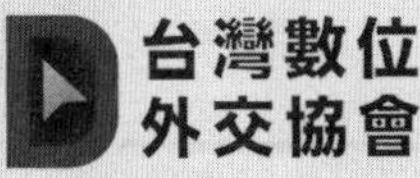

公司名稱 台灣數位外交協會

創辦人 郭家佑

成立時間 2017年9月 **立案時間** 2018年5月27日

網站 www.facebook.com/TaiwanDigitalDiplomacy

企業理念

用鍵盤響應一個外交使命，帶動人人都能參與的國際能量。台灣數位外交協會是台灣第一個專注於提倡公眾外交的非營利組織。在台灣國際處境艱難的情況下，如何透過網路與社群媒體，讓民間與政府更有效率的合作，拓展台灣實質國際參與，是協會關心的議題。

2018年，以網路倡議串聯在地組織、國家博物館數位策展的方式，獲得科索沃17家媒體曝光、各大部會首長接見、成功創造台灣與科索沃友好形象。致力於將國外社群操作經驗系統化，應用於各種讓台灣參與國際的跨國專案。

回台後至今，台灣數位外交協會已累積破萬粉絲、超過千人的網路社團以及近千人次的演講聽眾。期望能夠凝聚民間國際事務人才，維持台灣公眾外交議題的討論與實作平台。

2019年前進越南，用網路展開台灣與越南醫療與文化的對話。透過數位內容與實體活動，期望鼓勵更多青年投入公眾外交創新、開發台灣社群人才國際溝通能量，為台灣外交途徑打開新的可能。

勇闖科索沃，推動數位外交

傳統的外交策略，是建立政府與政府之間的溝通合作，或是商業組織與學術機構的相互交流。然而，現實環境中不免也曾經發生某國為了三十億美元而跟台灣斷交的事件。在金錢的作用下，傳統的外交領域經常是比拳頭大、比口袋深，以利益為優先。

在數位化浪潮下，「數位外交」成為新的外交突破點，透過網路社群和網路媒體，與他國公民進行溝通對話。其創新之處在於：數位外交注重的是公民跟公民之間的溝通，公民與公民組織之間，以社群媒體——也就是比較低成本、更大範圍的方式，去接觸其他國家，並且互相交流。

近年來，有越來越多年輕人用不同的方法幫台灣做外交，試圖突破目前的困境，也提升群眾對國家的認同，像在義大利的世界博覽會上做台灣美食，就是一種相當有趣的方式。

郭家佑創立「台灣科索沃文化交流協會」時，年僅二十六歲，她隻身前往巴爾幹半島的新興獨立國家科索沃，透過數位外交來推廣台灣，不僅讓當地人士更認識台灣，同時也幫助科索沃爭取數位網域的國際認同。

郭家佑一開始先存了四十萬元，一個人飛到科索沃執行數位外交實驗計畫，推動當地申請國家網域。所謂國家網域，就如同台灣的「.tw」，而科索沃希望取得的則是「.ks」。

除了網域倡議計畫之外，郭家佑也與科索沃國家博物館進行數位的互動策展，希望將台灣的數位策展能力帶進當地，同時促進雙方青年的交流。

早在勇闖科索沃之前，關心國際議題已經是郭家佑的日常。她曾在台灣大學「車庫新創空間」工作，也曾在匈牙利學習公共政策，並在希臘的難民組織與匈牙利的吉普賽人權組織編寫難民手冊、協助拍攝紀錄片與後製，並在網路上行銷推廣。

在出發之前，郭家佑除了閱讀相關書籍之外，也會在網路社群上做些研究；

郭家佑到科索沃軍隊參訪。

例如透過Instagram與YouTube，觀察當地人們周遭的氛圍與感覺，或是在LinkedIn與Facebook上面搜尋對方的政府官員，以及企業人士的群像。

此外，郭家佑會觀察他們的社會結構，並主動寄信給一些當地機構尋求見面機會，拋出可以跟他們共同討論、而且對方會關心的問題。例如由於科索沃剛獨立十年，所以「國家網域」倡議是當地熱門議題之一，更容易用以順利開展溝通與對話的窗口。

信任是一切交流的基礎

在整整兩個月的時間裡，郭家佑在科索沃進行數位外交推廣，到處拜訪當地組織，而她更在短短幾週內，就拜訪了三十多個包含政府部門的機構。

郭家佑表示，人與人之間的接觸其實沒有那麼複雜，只要誠懇，對方就更願意接受並信任你所做的事情，甚至開始參與。在當地慢慢踏實做，就會有一些累積。

她認為，「信任」是一切交流的基礎。雖然國際外交的目的往往是經貿交流，甚至利益交換，但如果沒有人民之間的信任，交流也無法深化，所以「數位外交」是一個值得深度推廣的方向。致力與其他國家的公民深度交流、建立彼此之間的信任，是每一位公民的本分；有了信任的基礎之後，國際友人才能更了解更支持，進而協助我們推動台灣這個品牌。

在科索沃推動數位外交，是交流協會的第一個據點。郭家佑希望快速建立一個成功案例，再帶回台灣與大家分享成果，並且持續與科索沃維繫關係。同時，郭家佑也在科索沃策展，期待開啟兩國之間的文化交流，並提升台灣在當地社群的聲量。在「國家網域」倡議這個議題上，交流協會已經在當地成立Facebook社團，並邀請台灣IT人才與科索沃青年們共同經營。

建立社團的想法，來自當地的瑞典大使館。他們開設了一個需要通過審查才能加入的Facebook社團，目前大概有五千名成員，都是非常活躍的科索沃青年；除了透過社團推廣形象之外，瑞典

郭家佑舉辦科索沃第一個網域論壇時的留影。

大使館也同時掌握了這些青年的社群資訊，積極推動雙方的文化交流。

除了網路社群之外，郭家佑希也望兩國公民能有實際交流。由於台灣與科索沃在國際情勢方面的遭遇相似，希望被國際社會承認，但也都遭到一些阻力，所以能有許多共同話題。值得一提的是，交流協會也設立了一個稱為「巴爾幹的和平科索沃」粉絲頁，來分享科索沃相關新聞。

數位交流、數位策展催生雙邊互助

不久之前，科索沃的國家通訊委員與台灣網路資訊中心合作，委託「圖文不符」製作了關於科索沃國家網域議題的懶人包。這個懶人包的目的，是在科索沃與周遭國家的社群擴散，並同時讓國際社會看見兩國的共同努力。

懶人包除了在網路上發表之外，也印成紙本在蒙特內哥羅舉辦的「巴爾幹地區網路高峰會」發放，用來宣傳「台灣科索沃文化交流協會」與台灣網路資訊中心，並且以另類方式讓台灣參與巴爾幹地區的網路高峰會，讓更多國家看到台灣協助他國網路發展的友好形象。

另外，交流協會也參與了科索沃當地的數位互動展。協會收集了在當地的許多交流內容之後，交由台灣設計師重新製作成數位互動作品，再回到當地展出。透過台灣策展人的成熟能力與技巧，展覽企劃不僅能讓當地人士體驗台灣的數位設計與技術，還可以協助當地組織製作出更豐富的展品。

透過懶人包與數位互動展這兩個計畫，台灣的形象在科索沃得以獲得相當大的提升。由於在科索沃的亞洲人不多，所以每當有相關活動，當地媒體就會特別邀約採訪。在接受採訪時，郭家佑都會特別介紹台灣形象、提及台灣對科索沃友善的歷史，並且特別強調台灣參與當地社會發展的高度意願。

交流協會曾經以一千元台幣的廣告費，推廣一段「台灣支持科索沃擁有國家網域」的影片，在當地獲得了三萬一千次的觀看次數，計算起來，等於向一位科索沃人民介紹台灣只花了零點零二元。

而在台灣，許多人因為交流協會的努力，而開始認識了科索沃這個國家。目前交流協會有五位核心人士，包括一位設計師，以及郭家佑等四位來自政治領域背景的成員，另外還有八位志工，會在討論展覽籌畫等事務時加入討論。

在科索沃要做的事情還很多，所以郭家佑目前還在積極尋找資源，讓數位外交可以繼續積極推廣。

理想中的數位外交

台灣的青年對政府還是有所期望的。許多人想從事外交推動工作，也會思考還可以做些什麼事情，而將網路社群經營與數位外交結合，就是年輕人所擅長的，也是台灣外交的另外一條出路。特別是在國外的留學生，對於台灣的外交困境應該有更深層的體會，也最有危機意識。

這裡舉其他國家在台灣經營的例子做為參考。歐洲經貿在台辦事處以中文經營了不少內容，置入歐洲的旅遊資訊與歐盟政策；「VISIT JAPAN NOW」的日本旅遊網站與粉絲頁，目前有多達七十一萬人跟隨，而這其實並非由旅行社經營的專頁，而是日本政府觀光署在台灣的數位交流策略之一。郭家佑表示：「如果我們在各國社群都有自己的專區來分享資訊、或是推動各種事務，真的都會容易很多。」

郭家佑理想中的數位外交，是台灣在各國的社群平台都有自己的專區，或是有合作的媒體來提高社群聲量；此外，政府最好還能掌握各地的社群動向與資訊、甚至定期觀察報告。這些資源在台灣的數位外交發展上，都能發揮一定的效益。

「數位外交」這個觀念，早在二〇〇二年的時候就已經有人提出；英國與瑞典外交部當時甚至就特別設立了數位事務部門。如果台灣也可以比照成立類似外交單位，就能為公民提供一個參與外交事務的明確管道，讓更多人共襄盛舉。

公部門在外交上的努力，如果都是政府自己來做，大家可能感受不到；但如果對青年跟公民開放參與數位外交、並且有專責部門共同推動，就有可能帶來更多不同的想像與成效。

數位外交 × 創新力

- 機會點：台灣政府的外交困境。
- 創新性：透過數位策展方式，加強兩地青年進行文化、設計與技術的交流。
- 向善性：藉由數位交流催生政府間互助。

郭家佑

做過新創育成與組織工作，我認為「人」是所有事物運行的核心。理解每個人自身的需求與價值，才能自信與他人長出連結。在小團隊的管理上，有時社會科學的思維會比管理學好用，適時補充社會科學知識，也許會有新的收穫。

國際社群間，其實不僅台灣的外交處境很艱難，2008年在巴爾幹半島宣布獨立的科索沃也面臨同樣困境，兩國都需要靠非傳統外交手段爭取更大的國際空間，與其他國家建立穩定、持續的交流管道。

而數位外交是個非常好的切入點，用相對低的成本就可以做國際串聯或宣傳，畢竟外交說到底，其實就是與不同的文化、國家建立關係，家佑成立台灣數位外交協會，用自己的方式走出去，體現了現在年輕世代不怕打壓的精神。

因為在立法院內關心的議題大多都有國際面向，例如新創發展、金融科技、社會企業或甚至假訊息等等，我任內也常常需要和國際新創團隊、投資人、專家學者、外媒記者會面，一方面分享台灣經驗、一方面向對方學習。搭配上我國外交駐館人員對各國國會的遊說工作，這樣的「國會外交」其實是台灣突破外交封鎖的一大武器，能夠實質、有效地建立台灣與其他國家人民間的信任。

蔡政府因為在外交上強調台灣主體性，確實承受了很大來自中國的壓力及威脅，從軍機繞台、要求企業作政治表態、禁止陸客來台、散布假新聞、經濟滲透等舉動，說台灣是對抗共產主義第一線真的不為過，但蔡政府證明了我們其實不需要中國也能走出一條自己的路，一條超越兩岸框架、邁向世界的路，這條民主道路上的我們並不孤單，所有堅信自由民主體制的國家都會慢慢看見台灣的價值，而台灣也不會吝嗇向國際社會貢獻我們的強項，因為Taiwan can help！

余宛如

3

第三部

社會創新與科技向善

社會創新與科技向善

七〇年代開始，全球化與資本主義的結合逐漸讓國家失去治理的主導性，政府的功能在越來越多領域退縮，我們不禁提問：當政府失靈，社會問題該由誰來解決呢？而誠如前一部所述，如果以後AI能夠取代大部分人力，那未來又有什麼樣的經濟值得人類發展跟投入呢？

針對這些問題，我的解答是「以人為本的社會企業」，我們需要更積極、更具社會性、更有創意的私部門來填補政府退縮後留下來的空白。而自從在二〇〇七年創立台灣第一個取得公平貿易認證的咖啡公司開始，我親身參與、見證了台灣社會企業發展的歷程，了解社會企業在台灣發展的種種困境跟問題。

懷著滿腔熱血、希望推動社會企業相關立法的我，在成為立委後碰上一個大難題：儘管社會企業在民間已經漸漸成為顯學，但在立法院內知道社會企業概念、了解社會企業對台灣經濟、社會發展重要性的委員同仁卻很少，因此，我的首要任務不是一頭栽進立法程序，而是先讓跨黨派的委員認識社會企業。

從二〇一六年七月開始，我透過舉辦「國會咖啡館・社創新思維」系列沙龍，針對在地經濟、原住民、文化、銀髮、農業、食安、醫療、教育等議題，邀請社會企業創業家和立法委員進行對談，為日後連署法案累積能量。《社會企業發展條例》順利連署完成送進立法院審議之後，我隨即發起「行動國會．宛如在社企」的活動，到多個地方縣市和民眾面對面說明，為什麼台灣必須鼓勵社會企業發展。

在等待《社會企業發展條例》通過的同時，我也推動完成《公司法》修正，重新定義了企業的經營責任，讓社會企業獲得法律上的認可，新版條文指出：「公司經營業務，應遵守法令及商業倫理規範，得採行增進公共利益之行為，以善盡其社會責任。」

不過很可惜的，《社會企業發展條例》至今尚未三讀通過，因此還要繼續努力、不忘初心。這段時間我也不斷思考該如何做，才能擴大台灣社會企業部門的影響力，我在二〇一八年中發起的「社會創新國會」就是一個新嘗試，試圖透過國會平台串連起國內國外的各種資源，讓解決社會問題的好點子可以藉由創新科技加速落實，帶來「規模化」的改變。

我和法國育成中心「Liberté Living-lab」合作所提倡的「Tech for Good」（科技向善）概念，是另一種對科技的想像，我們認為，創新若是只為商業利益存在而缺少對人性、對社會的關懷，創新就失去了最重要的意義。看完本部五個故事，希望你也能感受到社會創新的力量，並像我一樣，義無反顧投入這場長期的「社會運動」中。

chapter
11

文化銀行

用創新思維保存文化
帶動地方創生

創新並不表示要拋棄傳統，文化銀行證明了其實兩者可以並存。在傳統文化漸漸流失的今日，更要用創新的思維守護地方傳統，這些都將是日後活化逐漸衰敗的鄉鎮市區、吸引年輕人回流、帶動地方創生、活化地方經濟的養分。

company file

文化銀行
BANK OF CULTURE

公司名稱	文化銀行
創辦人	邵瓔婷、陳慕天、許天亮、張均谷
成立時間	2016年6月
網站	bankofculture.com

企業理念

創立於2016年，致力於以媒體力量保存台灣正在消失的傳統文化。而自成立以來，文化銀行走遍台灣，找尋台灣快要消逝的傳統工藝，用文字、照片、影像形式記錄下來。不甘於只留下文化標本，也不希望文化只能是靜靜被欣賞的對象，而是讓這些傳統更能以生動面貌重新活在世人的生活中。

文化銀行至今已採訪超過150位從事傳統工藝的藝師，並撰寫成專訪文章，放置在文化銀行網頁上。除此之外，亦以地方歷史文化、傳統工藝為核心理念，提供文章編寫、策展、品牌規劃、設計等服務。

以創意突圍，解決觀光與環保的兩難

提到新創時，多半是在談新興的商業模式，但新創有另一個值得關注的地方，就是在解決舊有的社會問題，像是文化保存，或是利用科技來保育生態環境等等，而這也和目前台灣的地方創生與社會企業的發展有關。用創新思維來保存地方文化，進而發展地方觀光、帶動地方創生，文化銀行做了相當好的示範。

文化銀行的創辦人邵璦婷在二〇一八年發起一輪募資專案，成功募到一百六十萬元來製作「環保天燈」。提到這個專案的緣起，是因為平溪美麗而懷舊的放天燈習俗，讓這個地方成為國際觀光景點，但由於環保意識抬頭，每每到了節慶時刻，就會引發生態環保與地方商業經濟的論戰。燃盡落下的天燈，有可能導致鳥類或生物死亡；而沒有燃盡的天燈，也可能引起火災，殘餘的垃圾更無法自行分解，造成文化保存與環境保護的兩難。文化銀行看見了這個問題，因此開始發想「環保天燈」計畫，試圖解決這個衝突。

「環保天燈」是一個挑戰舊體制的專案，至今已經籌畫超過兩年。期間，邵璦婷和團隊前後做了兩款不同的環保天燈。第一款是純手工製作，耗費團隊許多的時間，且實際使用上有諸多限制，不僅運輸困難，也無法在短時間內大量製作，因此較難符合市場需求；在這個時期，文化銀行已經打出了「環保天燈」的知名度，但僅停留在解決傳統天燈的環保議題，而非深入市場、取代現有產品。

二〇一七年五月，邵璦婷在TEDxTaipei發表演講，同時間，團隊也開始研發第二款環保天燈；此時，團隊真正開始思考市場概念，也看到社群上對於環保天燈的討論開始有了變化。團隊的計畫是，未來幾年，環保天燈若是每年可能取代百分之五、百分之十、百分之十五的傳統天燈比例，總有一天，環保天燈改良到專業的版本時，便真的能夠為整個平溪觀光帶來改變。

在TEDxTaipei爭取曝光之外，文化銀行也積極參與企業支持的夢想資助計畫，因而獲得創業資源，讓整個團隊度過斷炊時期。之後則發起募資計畫，讓產品直接面對市場的考驗。

除了試圖解決本地觀光與環保的兩難，文化銀行希望未來能將「環保天燈」賣到國外，讓國際看見台灣的能量，進而吸引更多年輕觀光族群來訪，而募資的成功，也讓本地業界看到團隊開發新客群的能力，讓在地保守勢力願意開始與團隊建立關係。

文化銀行團隊於2017年8月，至平溪試放環保天燈。

從文化銀行的經驗我們可以看到，證明自己的市場價值，已經是新創團隊的必要課題；任何資源都要用於掌握曝光度，絕對不只開發產品而已。

推動創新、守護傳統可以雙贏

文化銀行身為外來者，雖然希望以新創力量幫助觀光區居民，但當地的人們或許因為不理解、不想改變，也可能擔心影響原本的生存模式，因而可能發生衝突。為了解決這樣的問題，文化銀行特別注意如何經營與在地居民之間的關係，邵瓊婷便分享了「讓利」的概念：「要賣給對方任何產品，基本上跟在市場上相同，必須分析誰是競爭者、拉攏能夠合作的資源，而且注意三個重點：給他喜歡的、避開他不想要的、然後拿走他不在乎的。所以，我們要先了解對方最在乎的是什麼。他不在乎的，可以給我們；他喜歡的，我們就給他——這就是讓利。」

依照這個原則，文化銀行不攻擊在地店家的缺點，而是先設法提升自己的產品價值與團隊的影響力，並積極透過合作，協助在地店家提高利潤，因為店家賺了錢之後，才有辦法提供更好的產品與服務，並讓平溪旅遊產業全面升級。因此，文化銀行在確保自己的營收之餘，也要盡量擴散讓利效益。同時，如果平溪能全面改用環保天燈，就能成為國際綠色觀光的理想範例，居民推動環保的努力，更能讓全世界的旅客都感受到這個小鎮的特別。

「文化」不僅僅是一個象徵，也可能具有市場價值，可以成為青年創業題材的解決方案；而商業化的另外一面，就是讓文化可以保存下來給下一代，讓下一代不只可以回憶，更可以實際使用。

文化銀行的創業策略

邵璦婷在大學剛畢業時，就經營了以「台灣文化」為主題的青年旅館。創業的第一年，同時也是Airbnb開始在台灣崛起的時期，由於當時法規限制不多，所以有機會嘗試各種發展與合作機會，並且一路發展到今天。

在這個過程中，邵璦婷的團隊發現了許多台灣傳統文化保存的問題，像是古蹟的毀壞、傳統戲劇與音樂的式微，甚至少數民族語言的流失等等。因此，他們開始思考如何延續傳統文化的價值、保留屬於在地的核心精髓，並且透過新的方式，讓傳統文化回到人們的生活之中。於是，文化銀行誕生了。

在創業初始，文化銀行團隊有兩個主要策略：第一，以經營狀況良好的青年旅館作為其他嘗試的經濟備援；第二，新產品必須具備代表品牌的力量，而不能只是「試水溫」。幸運的是，團隊對青年旅館的包裝行銷奏效，不僅順利生存下來，也帶動了其他產品計畫的順利發展。

邵璦婷回憶，當時的運氣算是不錯，雖然創業的過程曾經犯錯，也很辛苦，但所幸沒有被市場淘汰，「事實上，起初我並不覺得創業辛苦，甚至可以說是年輕不懂事，但還好團隊成員之間有很強的連結，遭遇問題時都能一同思考，然後找到解答。」想為社會帶來改變，則是邵璦婷工作的動力，「我每天早上醒來時，只要想想我現在正在做的事能帶給台灣一點改變，就覺得很值得，可以繼續下去。」

「學習說故事」是文化產業重要的存活指標

如何在社群媒體上產製讓網友有共鳴的題材、學習說故事，是邵璦婷和團隊成員每天都要面對的挑戰。在文化銀行的粉絲頁和網站上，有許多大家已經忽略的台灣文化和民俗故事，這些豐富的內容是如何被發掘、挑選出來的？邵璦婷分享了幾個方法：

一、每年文資局都會發表通過考試的傳統藝師名單，這些老師可能在媒體上不太有機會曝光，而且個性也多半低調。所以，文資局的公告是團隊找到他們的一種方式。

二、團隊在社群上認識的人之中，有些是人脈很廣的「粽子頭」，有能力推薦值得拜訪的對象。

三、因為現在文化銀行已經有點名氣，所以也有老師自己主動來聯繫，並且提供採訪素材。

與尋找素材相較，評估到底哪些人要採訪，哪些人不採訪，才是真正令團隊掙扎的事情。這些來源之中，哪些是無形文化資產，哪些是有形文化資產，必須以聯合國教科文組織發布的資料為準之外，所謂的「傳統文化」或「大師」，其實也很難直接定義。於是文化銀行決定，只要他們認定某位老師在做的事是有意義的，就有報導的價值。但報導之前，他們還是會給予四階段不同的資格審查：

一、歷史性：這項工藝或文化能否找到發展歷史、發展到現在的樣貌如何、能否追本溯源？

二、脈絡性：是否可以說清楚它在台灣發展的歷史脈絡？例如台灣有非常多的文化或工藝來自中國，但在台灣的發展下來，已經發生很大的差異，也創造出自己的特色，例如台灣茶飲最大的特色「聞香杯」，跟福建廈門一帶的飲茶方式就十分不同。

三、在地性：某些傳統工藝僅存在於特定地區，例如澎湖的捕魚技法，而這些事物已經是在地居民的共同生活記憶。

四、差異性：是否能在同一技藝的傳承者中，找出這位老師與眾不同的地方？

在網路社群經營方面，原本文化銀行以張貼文章為主，但發現願意耐心閱讀上千字文章的人較少，因此引進了應答機器人、影片以及懶人包等工具，除了增加故事內容跟觀眾的互動，也讓觀眾在短時間內看懂介紹的工藝，進而提高傳播的速度與廣度。

用創意突破法規限制

從文化保存的角度切入，未來文化銀行也有意朝古蹟活化的方向努力，但他們卻發現「古蹟再利用」在台灣其實面臨不少法規限制，例如消防法規規定不能使用明火、不能加裝某些設施在牆上等等，因此，「保存古蹟」與「使用經營」之間確實不容易找到平衡，也限制了古蹟再利用的可能性。

雖然政府經常鼓勵古蹟的再度活化與應用，但法規也限制了活化應用的可能性，所以我們看到的往往侷限於展演、畫廊或是其他比較「安全」的形式。然而，如果經營者因此難以獲利，就更難延續古蹟的價值。

在保存古蹟完整、保障公共安全之餘，或許可以透過某些附加條款，讓古蹟的再利用更有彈性，也讓這些彈性衍生出更多活用的可能，讓有心經營的新創能夠更有發揮的空間。舉例來說，英國有一個類似「文化資產信託基金」的機制，買票進場參觀古蹟或其中舉辦的表演活動時，就會有一部分收入回歸到古蹟的保存與維修經費上。由於在政府預算之中，分配給傳統文化保存的比例很低，如果這些公共財的維修經費僅靠公部門支撐，就會相當拮据。所以，若能利用上述基金來籌措經費，事情就會簡單一些。

有些人認為，表演必須免費、免稅，才能鼓勵民眾參與，但這與文化保存的概念是背道而馳的。如果無法說服使用的民眾共同負擔營運成本，又如何維護這些珍貴的文化古蹟？所謂「羊毛出在羊身上」，我們必須看得更全面，願意貢獻微薄心力維護歷史遺產，對台灣文化的發展與保存才能有正面幫助。

文化銀行 × 創新力

- 機會點：平溪放天燈的傳統文化與逐漸高漲的環境意識產生衝突。
- 創新性：懂得讓利，經營地方生態圈，讓文化也有市場價值。
- 向善性：保存地方傳統文化、活絡地方經濟。

邵璦婷

從事傳統文化的保存及推廣，我相信越在地的反而越國際。台灣擁有豐富的自然資源，深厚多元的文化底蘊，希望未來也能夠透過更多科技創新、社會創新的模式，改善傳統文化所面臨的困境，讓台灣文化能夠永續保存下去。

對比先前幾個數位新創的故事，文化銀行的定位顯得非常獨特，它是社會企業促成地方創生的經典案例，團隊用創新思維一方面解決環保問題、一方面保存地方文化，而他們所採取讓利的市場策略，也把當地觀光的餅做大，整個地區共存共榮。但他們一路走來也並非一帆風順，反而點出了很多新創團隊常碰到的問題或盲點，例如太著重於解決某個痛點，卻忘記考慮自己的服務或產品怎麼樣才能夠在市場生存，或是將所有資源投入在提升產品和服務品質，卻沒注意到行銷的重要性。

文化銀行證明文化這種「軟資產」也是有市場價值的，有時候甚至能帶動整個地區經濟發展，端看你如何賦予老舊的東西新生命、新價值，吸引現代市場的注意。而政府對於文化的重視，反映在2019年5月通過的《文化基本法》中，除了確立國家文化發展的施政方針與制度，也將「文化影響評估」入法。此外，文化部依法將設置「文化發展基金」，辦理文化發展及公共媒體等相關事項。這個法案也明定中央及地方應每4年召開全國及地方文化會議，建立公民文化參與機制。

不過，文化銀行創辦人邵瓔婷也點出了這類型新創所碰到的困境與一般科技新創一樣，都面臨法規限制的問題，台灣對古蹟保存的觀念還是比較保守，覺得古蹟就是公有財，必須由政府保護、全民共享，不輕易讓私部門介入獲利。但長期而言，古蹟不可能無止境的依賴政府預算，就保存得非常好，但沒有包裝、沒有故事，無法吸引人的古蹟其實就不會有價值，而這種經營古蹟活化的事業，看來也是政府未來急需要學習的新興產業。

余宛如

chapter
12

臺灣吧

新型知識經濟平台
打造內容生產鏈

記得透過可愛動物、把枯燥的台灣歷史變成一部部有趣動畫影片的「臺灣吧」嗎？這幾年，臺灣吧已跨入其他領域，開設「法律吧」、「拼經濟吧」等動畫，充分利用數位科技優勢，將生硬艱澀的知識輕鬆、有趣地傳遞給觀眾。在這個閱聽者掌握內容主導權的新媒體時代，「臺灣吧」迎接挑戰投入數位知識內容的產製，也翻轉了我們對教育的想像。

company file

公司名稱	臺灣各種吧股份有限公司
創辦人	謝政豪、張佳家、林辰、蕭宇辰
成立時間	2014年9月
網站	www.taiwanbar.cc

企業理念

2014年，謝政豪、張佳家、林辰、蕭宇辰一起創辦了「臺灣吧」，致力於推出兼具教育與娛樂性的數位內容，引發網路世代觀眾對於不同知識與議題的興趣。

首部作品《動畫臺灣史》甫推出立即造成風潮，除創造數百萬人次觀看外，亦催生如「黑啤與啤下組織」等角色IP，並轉化成周邊商品。至今臺灣吧已產出兩百餘部影音內容，面向包含歷史、哲學、法律、教育、地方文化、經濟學、動物保護等議題。

知識傳遞方式的改變

在眾多的創新改革之中，知識賦予我們每一個人思考核心，讓我們探討每件事是否可以做得更好，是否值得投入更多。在新媒體力量爆發的當代，讓我們來探訪「臺灣吧」這個在知識教育上耕耘出新天地的新創團隊吧。

「臺灣吧」出現在二〇一四年，以製作「動畫台灣史」起步，是個相當經典的系列作品。隨後他們發現，雖然網路媒體相當發達，也有非常多娛樂性影音爆紅，但如果是知識型的內容，要在網路上讓大家願意瘋傳並不容易。所以，當臺灣吧做出無關時事議題的「動畫台灣史」影片並且受到大眾喜愛時，團隊就思考著如何持續創作這類作品，將知識分享給大家的可能性。當然，知識並不只侷限於歷史，他們的作品題材逐漸擴大，團隊人數也從一開始的四個人到後來的超過二十人，不斷產製出新的知識型影片，例如近期製作的「拼經濟吧」，就是經濟學知識相關的系列影片。

臺灣吧一開始是用「脫口秀」的方式來呈現，所以畫面呈現相對簡單，之後慢慢開始突破，採用了更多動畫技術來傳達內容，也花了更多心思在處理轉場效果之類的細節上。除了「拼經濟吧」，「法律吧」同樣是以動畫加上劇情，透過對話來傳遞法律知識。

用線上知識型產品翻轉教育

臺灣吧共同創辦人蕭宇辰表示，團隊一開始投入知識型產品的產製，是因為他們在教育現場看到了現行的教育困境，「我們認為，無論在整體環境或是教材內容上，都應該可以透過不一樣的方式去突破、翻轉教育內容。」而知識經濟的優勢，正在於能夠結合數位媒體、重新組織，把被忽略的片段資訊，以有條理和邏輯的方式重新加以闡述。

他分享，臺灣吧在製作第一支影片的時候，花了相當多時間思考如何運用影片來進行論述。雖然影片是以動畫呈現，但核心還是在劇本，而這麼大量的知識要如何篩選，就成了他們的第一個重點。有了主題之後，還要思考包裝，以及提取有趣的元素，而這些都很難找出

由黑啤、藍地、紅瑰、黃貂、白米組成的「黑啤與啤下組織」，是臺灣吧很受歡迎的動畫角色。

固定的公式。

對團隊來說，最難的環節在於找到一個好的故事切入點。或許大家發現了一個有趣的主題，但在開始收集資料之後可能會遭遇瓶頸，找不到合適的切入點；或者有時候創作過程並不是一直都很順利，甚至嚴重卡關，導致最後無法順利完成。所以，臺灣吧每次面對新的議題或領域，都必須歷經一個全新的摸索過程。

在這個過程中，由於必須滿足不同的需求，所以需要很多人彼此合作，而隨著來自不同領域的團隊成員越來越多，在彼此衝擊激盪之後，就會產生許多意外有趣的過程以及創新的產品。

同時，蕭宇辰指出，在網路上做內容，和學校教育有一個本質上的差別，那就是孩子們得一直坐在教室裡不能離開，且老師擁有相當大的權威，「但在網路上如果內容不好，就沒有辦法吸引觀眾停留，而且，觀眾也沒有義務要看。所以，創作者必須感受觀眾真正的需求，找出大家感興趣的題材，然後拋出一個個好問題，吸引觀眾的興趣，最後再告訴觀眾究竟發生過什麼事情。」

例如在《動畫臺灣史》的影片中，有一集提到台灣在日本統治初期的狀況，它告訴你日本在統治初期曾經差點把台灣賣給法國，讓台灣人差點成為法國人，而這個故事就讓大家都聽得很開心。

在影片的製作過程中，就是要抓出這些令人驚奇的點，在知識中找出吸引人的素材。當劇本完成進入分鏡階段之後，臺灣吧團隊的分鏡導演就會針對劇本內容，去安排合適的畫面搭配；接著進入物件和場景的繪製，然後完成最後的動畫。

學習不是為了競爭，而是為了選擇

蕭宇辰從小就不喜歡「競爭」或「競爭力」這類名詞，他認為國人的教育一直都太看重「競爭力」這件事情，其實學習的重點不應該是競爭，而是學習本身。如果學習的目的是要「贏別人」，而不是檢驗自己的學習成果，那麼教育的目標和意義究竟在哪裡？

臺灣吧之所以耕耘知識領域，正是希望年輕人在中學之前就能透過影片清楚知道，未來要面對的世界有多麼不同，而這些影片能告訴學生：經濟學是什麼？法律為我們做了些什麼？色彩學可以做到什麼？肢體表演是什麼樣的東西？

正因為這些影片都很短，很快就可以看完，所以觀眾也可以立刻找到自己有興趣的內容，然後繼續深入探索。蕭宇辰說，探索興趣其實有點像「抓周」，我們往往必須把所有選擇都放在眼前，才會知道自己喜歡什麼。

政府資源如何整合教育現場支援

臺灣吧創作的熱情，來自想要改變目前的教育方式。雖然蕭宇辰過去就在教育體制裡，所以能理解其中的困境，但有時主管機關運用教育資源的方式卻令人費解，所以他才希望用體制外的方式來改變。舉例來說，教育部之下無論是終身學習司，或是資訊與數位科技司、國教署，都有一些推動數位教育的內容計畫，但這些單位都是各做各的，而每個單位都想自己搭一個平台、設定一個KPI。

先前教育部的「酷課雲」平台上要求有幾千支影片，但光是幾千支的影片有用嗎？我們需要的是只有幾百支，但都很吸引人的影片？還是幾千支乏人問津的影片呢？只看數字的KPI對數位教育有用嗎？衡量數位內容的成就，不應該只是做「很多的線上課程」。許多來自民間社群的作品，都是由消費者、使用者、支持者，甚至觀眾的反應來決定產製的內容，並且間接影響了之後的生產鏈。

教育單位也應該思考如何善用這樣的經驗，先從「最多人觀看」的部分來改變教育體制，而臺灣吧的案例正是個滿值得借鏡的參考。

穩定產出內容，發展角色IP

這幾年，臺灣吧團隊的轉變非常大。早期只有四個人的時候，做什麼都可以很快速、很容易，不用顧慮太多，也不需要養人，把作品做好就行了，營收多寡也不太重要。但當團隊要做的事情越來越多，規模開始成長，經濟壓力也隨之越來越大。團隊成員必須尋找有效、穩定產出的工作方式。這是個顛簸的過程，團隊也還在摸索穩定獲利的商業模式。事實上，團隊成員都沒有創業經驗，所以也曾經面臨失敗，並重新調整過好幾次。直到現在，其實都還不算非常穩定，還在奮力求生存的階段。

雖然目前臺灣吧的作品頗受歡迎，點閱、按讚、分享的次數都不低，但還是難以透過廣告獲利。現今網路影片大概要獲得多達十萬次點擊，才能拿到一百美金的分潤，所以他們每個月從YouTube拿到的廣告拆分，可能連新台幣一萬元都不到。因為廣告營收少到幾乎可以忽略，所以大多數收入仍必須靠申請補助案，或是接公部門標案，再拿賺到的錢去做自己想做的教育影片。

在臺灣吧影片的內容與角色曝光之後，有些人會開始喜歡這些角色，而團隊也思考讓這些受歡迎的角色獨立發展，在手機保護殼這類周邊商品上出現，或是透過各種方式與實體結合，讓觀眾在更多地方看到這些角色。

如果這些角色自己的能量變得很強，那麼只要它們在影片中出現，或許即使是很「硬」的內容，觀眾也可能被這些熟悉的角色吸引、覺得內容更容易接受和吸收。所以，角色IP（著作權商品）是臺灣吧未來可能展開和努力的方向。臺灣吧有內容，可以持續透過內容讓IP有機會曝光，甚至透過各種合作，讓IP有機會讓更多人看到。

閱聽者掌握內容主導權的新媒體時代

要做知識經濟，並不是把影片放上平台，或是開個Facebook帳號就好，內容是否充實、表現方式能不能感動人，都需要專業而且有熱情的人來完成。短短一支影片的幕後製作，平均都要兩百，甚至是三百小時的漫長時間；建立一個工作團隊之後，也可能需要一個月才能讓一支影片誕生。如果背後沒有足夠的支持力量，就很難繼續走下去。

在這樣的新媒體時代，每位閱聽者對於內容的主導權是很大的。雖然台灣的市場規模比較小，但人口應該還足以撐起一定規模的知識經濟市場，而這樣的經濟體必須靠大眾支撐，也不應該含有太多的廣告元素置入。我們想看到什麼樣的世界，決定未來世界的樣貌，必須自己以消費者的身分去做出選擇。

太多業配文、廣告文在媒體上出現，已經讓觀眾搞不清楚「新聞」與「廣告」的分界，更不用說去了解這些訊息想改變什麼風向、改變什麼事情、背後是什麼企業提供資金。也因為如此，許多注重媒體原則的人創立了新的媒體，希望將更深入、更不受干擾的訊息傳遞給網路上的閱聽人。

要讓媒體生態跳脫廣告主的控制，閱聽者必須重新掌握「選台」的主導權，同時主動支持自己喜愛的好媒體。在國外，內容訂閱制是相當盛行的；而台灣在這一兩年才開始出現。如果我們希望好的內容能持續出現，不妨考慮每個月提供小額贊助，讓這些媒體可以繼續生存。當你在網路上閱覽這些新媒體，或是收看臺灣吧這類的新知識經濟平台時，也可以同時思考如何讓這些媒體好好存活下去。純粹的知識和不受干擾的內容，都需要更多人的認同與支持。

臺灣吧 × 創新力

- 機會點：知識型影片品質參差不齊、傳遞不易。
- 創新性：能從看似枯燥無聊的知識中找到吸引人的切入點，並成功創造出獨特的角色智慧財產權。
- 向善性：建立一個有媒體原則的新知識經濟市場。

蕭宇辰

創新是站在巨人的肩膀上往前開展，找到你的巨人，仔細分析、學習、模仿，然後評估自身能力與市場做出創造性的轉化。

成功的經驗我們聽多了，卻忘記了失敗才是常態，所以讓自己懷抱信念是重要的，明白自己為何而奮鬥，才能在黑暗的歲月不至於迷惘不前。

隨著網路、行動裝置普及，現代人學習的場域和時間已經不受限制，學習的過程中也不一定需要老師在面前講解，而臺灣吧在這時候切入，加速改變了知識傳遞的方式，越來越多人習慣主動透過網路觀看各式各樣的教學影片學習，而不是被動地被既有的教育體制灌輸特定知識。換句話說，我們從知識擁有者決定該傳遞什麼知識的舊時代，進入了閱聽者掌握主導權的新媒體時代。

但網路上的學習資源、知識類型影片眾多，品質參差不齊，要如何能夠脫穎而出、吸引知識需求者的目光？臺灣吧所製作影片的腳本內容、故事創意和動畫品質，絕對勝出市場上的競爭對手許多，卻因為網路廣告收益不符成本，而做出了像美國影視娛樂公司迪士尼一樣的選擇：開發角色智慧財產權，推廣角色周邊商品。

迪士尼每推出一支動畫，除了本身的票房之外，另一個重要收入來源其實就是動畫中角色們的周邊商品販售，而且通常可以比動畫賣得更持久。這也是為什麼迪士尼願意在2009年花費鉅資併購美國知名漫畫公司漫威娛樂（Marvel Entertainment LLC），目標就是漫威旗下超過5,000多個角色。現在臺灣吧影片中的動物角色們已經有一定知名度，若能為每個角色增加鮮明的個性和背景故事，是有機會讓臺灣吧突破知識影片領域，發展出新的商業模式。

余宛如

看到私部門面對現代社會學習知識型態的靈活轉變，政府部門其實也在學習用更活潑有趣的方式傳遞訊息，畢竟現在資訊的競爭非常激烈，如何將一般印象中比較生硬、無聊的政策資訊送給民眾，考驗著公部門的勇氣跟創意。運用社群媒體、直播等新管道已經是基本款，未來政府應該更重視內容的呈現方式，才有機會在資訊海中殺出一條血路。

chapter
13

灰鯨設計

聚焦銀髮經濟
解決社會問題的服務設計

如果回憶能變成一場遊戲，那會是什麼樣的情境？灰鯨設計為了解決台灣老年人失智的社會問題，運用「社會設計」的理念，將年長者提供的素材製作成大富翁遊戲，而他們對使用者體驗的重視，也突顯出社會企業服務客群的獨特性。

company file

公司名稱	灰鯨設計有限公司
創辦人	卓思陽、鄭雅方
成立時間	2016年10月
網站	www.facebook.com/GrayWhaleDesign

企業理念

灰鯨設計從專為失智症族群設計的活動「回憶錄大富翁」出發，發現用戶體驗與服務設計的重要性，因而創業投入，除了深耕銀髮設計領域，也進行金融、居住、農業等不同領域的設計案。灰鯨是親近人的一種鯨類，會在海面上浮窺人類的行為，也會潛入深海，如同公司理念是以人為本，協助企業透過深入研究了解用戶，再將研究轉化為能解決問題的設計應用。

台灣已邁入高齡少子化的時代，許多產品與服務，都需要透過用戶體驗思維進行優化，提供更好的使用經驗、達到更好的服務效率。灰鯨會一直往前游，相信每天把社會變好一點點，台灣就會越來越好。

將高齡化危機翻轉成商機

你可曾想過，有一天，也許自己再也不記得過去，像是在回憶的地圖裡迷路，連自己都不認得自己？台灣已經在二〇一八年三月底達到世界衛生組織定義的「高齡社會」標準，預計二〇三〇年會進入「超高齡社會」，人口老化速度超越歐美國家。

在這樣的趨勢下，我們的政府、民眾、社會機構，都準備好了嗎？

當出生率低於死亡率、人口結構上也有了相當大的改變之後，未來可能平均每個子女要照顧多位長輩，繁重的醫療照護問題，我們不能等到以後才思考面對。當然，在未來的社會中，銀髮經濟也將會是眾人矚目的焦點，高齡化既是危機，也是商機。

在台灣目前的社會企業中，有少數以高齡人口、銀髮族或是長期照護為目標，針對社會結構改變而形成的新創團隊——他們帶來了什麼樣的創意發想？誰說照顧長者只能是社福機構的事？事實上，年輕人也可以擔當這個重任，因為，創新就是最大的能量。

課堂裡的命題，成為青年創業的種子

過去十年，雖然數據顯示台灣已是高齡化社會，但在這個趨勢之中，我們並沒有感受到社會整體對這一點有所準備；當二〇一八年正式進入高齡社會之後，人們突然意識到長照配套措施的缺乏，而政府部門對於高齡化政策的推進也甚為緩慢。面對社會結構的改變，我們該如何因應？

卓思陽與鄭雅方兩位是「灰鯨設計」的創辦人。因為一個延續了整個年度的設計案，他們在大學時代就接觸到了社會長照議題，也開始關注失智症患者的照護醫療輔具。於是她們共同創作了「回憶錄大富翁」體驗活動，把失智長者的生活經歷、生命素材、個人照片、喜愛的音樂與影片等等，放進這個體驗活動中，並且改製成讓長者容易使用的遊戲介面，讓長者們在體驗過程之中，與家屬一同回憶過往。

長者的特殊回憶、從事過的職業、家鄉在哪裡、年輕時候的照片，或是當年流行的音樂，都是能夠喚起過往記憶的素材。當老人家們一起玩大富翁的時候，接觸到的不只是一些文字、牌卡或物件，他們看見的是專屬於自己年代的回憶，以及曾經經歷的過往。

在設計遊戲內容時，灰鯨團隊會先請職能治療師進

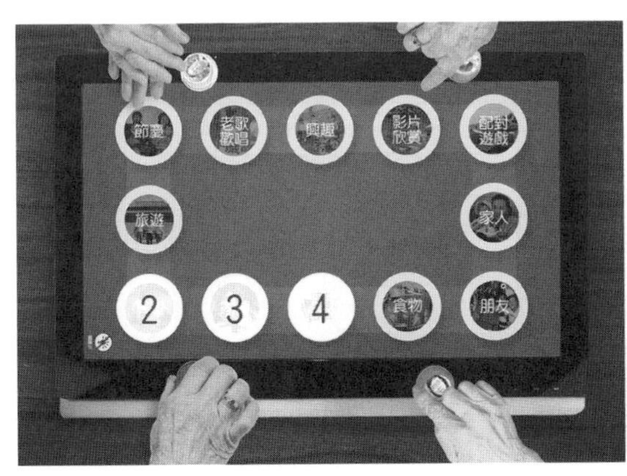

回憶錄大富翁產品。

行評估訪視，與長輩個別互動，以了解長輩的生命經驗、健康狀況以及個性特質等等，同時也由長照安養機構協助，聯絡可以參與活動的家屬。

在遊戲結束之後，治療師會依照長輩的反應，調整下一次的內容，期待每次活動都能深入觸發更多回憶。結束之後，團隊也會將紀錄整理給家屬，讓長輩在家中也能持續進行一些小活動。所以，這些素材不會只有使用一次，而是繼續成為後續互動的材料。

目前台灣約有十三萬老年失智人口，而據灰鯨設計團隊推估，二〇六〇年將有七十多萬名失智長輩。失智症已是全世界不能忽視的社會議題，但台灣的照護單位卻始終缺乏相關的治療輔具。「回憶錄大富翁」的問世，一方面為醫療機構提供了新型態的輔具、讓患者透過互動給予回饋，也改善了家屬與病患間的照護支持。

這個設計嘗試解決台灣真實存在的社會問題，更於二〇一六年參與史丹佛銀髮設計競賽，獲得心智組的首獎。

重視使用者體驗，是高齡社會的需求解方

用科技來幫助產品升級，是台灣每個產業所需要的。卓思陽與鄭雅方表示，第一版產品的設計、測試、訪談以及調整過程，都有設計師及資訊工程師投入，不斷修正；而從

用戶的反應來看，他們發現「回憶錄大富翁」的產品構想是可行的。

不過，這套產品一開始是設計在iPad介面上，所以有些長輩認為這個設備是自己「擁有」的，並不願意與其他人共享；此外，讓長輩願意參加活動就已經有些難度，遑論還要支付費用。於是團隊持續修正設計，往觸控電腦、觸控桌的方向修改，並且將畫面資訊設計得更簡單明瞭，讓長輩使用越來越順手；之後，才漸漸開啟了長照機構與長輩間的互動。

過去許多人總認為，讓長輩吃好睡好，或是買很好的床墊、把手、用具等照護輔具就夠了，但其實長輩需要的可能是更好的服務，或是這類一對一的心智活動。不過，相較於過去長照機構僅需提供一位治療師給家屬，「大富翁遊戲」因為每個過程都需要軟體設計師、治療師等人力投入，所以開發成本非常高，而這種購買服務的消費模式，一般大眾也還不太習慣。

針對這個現況，灰鯨設計團隊計畫在未來將服務改為「軟體租用」的形式，讓擁有硬體設備的長照機構，只要加上軟體就可以快速導入這套服務。

在台灣，長照是有機會走進鄰里服務的；相較之下，國外的許多社會創新案例則是用機器人科技來解決人力不足的問題。而台灣在能完全以科技解決問題之前，會需要更多專業人才以及願意提供經費的單位投入，否則只能停留在耗費人力的基本服務。長遠來說，如果長照產業沒辦法進一步升級，無論對於高齡社會或失智老人的幫助，仍然是相當有限的。

用創意看見、解決社會問題

「社會設計」的意義，是透過創意來提出某種商業活動或產品，但也是一種系統性的設計變革，以整體性的設計思考來改善社會問題。

過去，針對長者進行的大規模意見調查必須花費很多人力，於是有人將紙本問卷改為線上問卷，以節省收集問卷所需的人力及時間成本，這就是「用設計來解決問題」的例子。然而，這樣的設計又必須回到「使用者體驗」的考量，因為長者必須透過網路或是手機完成問卷，因此在操作細節和介面上的設計就會有不同的考量。

一般而言，長輩通常對科技產品的操作較不熟悉、對介面的理解也與年輕人不同；許多長輩可能不知道網頁上的「房子」符號代表「首頁」，對於晚輩們已經熟悉的網路符號或文字也相當陌生。因此，設計師必須以明確的文字來標示，讓長輩可以更輕鬆的操作。此外，長輩的手指可能已經不那麼靈活，所以某些線上問卷使用的捲軸或選單，就可能難以操作，所以，必須將問卷中的選項改為透過點按即可完成。至於視力減退的問題，也可以透過調整文字的顏色與大小來解決。

總而言之，要解決這一連串問題，必須在設計上更加用心、也更了解用戶，將使用體驗做到更好，將每一個環節都串接完善，就成為所謂的服務設計。如果能將用戶體驗跟服務設計彼此融合，就可以解決許多社會問題。

時至今日，許多企業已經看到了銀髮趨勢所帶來的商機，但另一方面，我們也還沒有完全意識到，這場銀髮海嘯也會是將來必須面對的社會問題。要能妥善運用商機、解決問題，服務設計師所扮演的角色將會越來越形重要。

未來的金融服務、報稅手續、交通工具等基本生活需求，都必須重新設計成有利於銀髮用戶的型態；而政府與國人是否能預見未來趨勢，及早投入這場對抗高齡化的戰役，將會是未來社會革新的關鍵之一。

灰鯨設計 × 創新力

- 機會點：台灣人口快速老化，但卻沒有恰當的醫療輔具減緩老人失智問題。
- 創新性：重視使用者體驗，與失智長者共同創作回憶錄大富翁。
- 向善性：減緩銀髮海嘯可能帶來的社會問題、家庭負擔。

關於新創，他們這樣說

卓思陽　鄭雅方

我們認為，最重要的是照顧好自己、好好活著、多運動、多吃蔬菜。我們心目中對新創家的定義，並非一定要無與倫比的成功，甚至改變世界，而是能在自己的能力範圍做出改變、發揮影響力，在資訊與觀念不斷更新的時代，保持對世界的敏銳、熱情與善良。

2018年，台灣高齡人口（65歲以上人口）比例超過14%，正式邁入高齡社會。而根據國發會推估，台灣將在2026年邁入「超高齡社會」（高齡人口比例超過20%）；2065年，高齡人口比例甚至將超過40%。當然，這些估算都只是假設台灣的生育率持續低迷，老年人口增加的比例實際上可能不會這麼快，但趨勢很明顯：台灣已經不再年輕。

這也是為什麼蔡政府上任後就立即大力推動長照2.0政策，2020年預算高達400億，鼓勵老年人在社區共餐、一起運動，若需要居家長照服務，只要撥打「1966長照服務專線」，政府就會派專人提供服務，希望減輕民眾照顧老年人的負擔。

但長照不能只依靠政府，我們也需要像灰鯨設計這樣的團隊從事「銀髮創新」，用科技、用遊戲來滿足年長者的心理需求，而不僅是物質需求的維持。

和一般新創企業比起來，灰鯨設計推出「回憶錄大富翁」的難度其實更高，因為他們面對的客群是適應力逐漸下降的年齡層，因此使用者體驗非常重要，一般新創產品或許還有讓使用者習慣、磨合的空間，但老年人的產品跟服務很困難，設計必須更加精準。

「回憶錄大富翁」的另外一個亮點在於這個遊戲是有延續性的，玩家可以變動部分元素，獲得全新的遊戲體驗，因此也有回憶永續、傳承的意味。這個醫療輔具市場其實少有人注意，但卻可以大大幫助病患、醫療人員跟家屬，營造一個多贏的局面。

既然台灣已經確定會步入超高齡社會，我們更加需要如灰鯨設計一樣，有人性的創新。

余宛如

chapter
14

人生百味

街頭是一場「人生百味」！
都市邊緣居民的創新扶貧

如何解決都市貧窮問題是個大哉問，「人生百味」團隊的解答則是聚集群眾的力量來促成改變，透過「石頭湯」、「人生柑仔店」等計畫，號召大家一同關注社會邊緣群體的處境，將這群「被社會排除的人」，重新拉回人群之中。

company file

公司名稱 人生百味股份有限公司

創辦人 朱冠蓁、巫彥德、張書懷、李柏毅

成立時間 2015年2月1日

網站 doyouaflavor.tw

企業理念

人生百味是一個以消除貧窮為目標的組織，透過由貧窮者的視角，發展創新的扶貧工作，用重建連結的事業與直接服務，消除貧窮者所面臨的困境，用重建理解與同理的公眾教育活動，來消除社會對於貧窮者的限制以及壓迫，公司是人生百味的一種型態，用於企業合作、商品銷售、服務提供等相關業務。

社會不可觸摸的陰影：街頭的無家者

協助街友是非常不容易的挑戰，但台灣有一個關注都市貧困的社創機構，「人生百味」，就在幫助街友自立、重拾他們返回社會的信心。

在創業過程中，人生百味創辦人巫彥德在街友身上看到了都市貧困的共同樣貌，也因而開始關注其他的都市貧困族群，這些弱勢人士包含了「街賣者」，例如在街口賣口香糖或玉蘭花的人，也包含從事資源回收的老人家或婦女等「回收者」。

這樣的族群確實存在，但整個社會卻缺少了與他們的連結，大多數人不了解他們是誰？為什麼會出現在這個地方？是都市一產生就在這裡嗎？還是在都市發展的過程中，讓他們變成了現在的樣子？人生百味要做的，是讓大家了解現象背後的成因；在深入研究都市貧窮這個議題的同時，也嘗試建立微型社會企業來解決問題。

人生百味創業之初，是想幫助社會底層的民眾，團隊成員原先只是下班後抽出額外的時間來做這件事。但後來他們發現，如果無法全心投入，關懷與幫助能做到的程度就很有限，像是辦辦活動之類，但無法真正幫助弱勢族群。「當無家者終於願意說出他們的故事或困難時，我們必須投入更多，才能持續關懷協助。其實，台灣關注都市貧窮的單位很多，但普遍缺乏資源，所以多半只能提供比較直接的幫助。」巫彥德說。

例如帶生病的街友就醫、幫無業街友找工作等等，這樣的幫助是一對一的，花很多時間在單向的即時解決，卻很少有時間關注到社會結構性的問題；另一方面，也很少人願意深入探討，都市發展為什麼會讓這麼多人留在街頭。

人生百味跟上述這些組織間的關係，比較像是彼此合作和專題倡議，以及從案例中找出個案之所以成為街友的原因。他們發現，一般來說，大眾對於街友族群是比較冷漠而排斥的，而每當有相關新聞報導，也往往是負面題材，導致街友被民眾貼上標籤；加上有些公眾人物對街友也不甚友善，使得社會上充斥著對街友不友善的態度。

「這樣的不友善，會產生一個問題，我們稱之為『社會排除』。所謂的社會排除，就是大眾對於貧困者，甚至只是不認識的群體感到害怕。」巫彥德這樣補充。

有些人起初是不了解街友，但慢慢變成討厭與抗拒，若看到髒亂或是喧嘩的狀況發生，就會開始排擠，甚至加上更多限制，像是里長要求警察來予以

頭家徐大哥（圖片提供／台灣高鐵雜誌．攝影黃基峰）。

驅逐等等。如此一來，就演變成社會不僅沒有拿資源來協助街友族群，反而是用資源把他們進一步推出社會核心。例如原本可以讓街友洗澡的活動中心，因為「社會觀感不佳」而禁止他們使用，然而，這樣能讓無家可歸的人變得乾淨嗎？他們就會因此離開嗎？當然都是不會的。這樣的排擠過程，無論對社區或無家者而言，都不是好的循環。

「人生百味想做的，就是讓大眾知道這些事情，進而改變自己的行為。如果我們希望街友消失，應該要做的是包容，而不是排除。」巫彥德說。

群眾的力量可以改變社會

人生百味的業務範疇，有很大一部分是素材製作、策展以及活動，讓大家主動去體驗、接觸、認識街友的存在。他們最初的計畫，是嘗試解決剩食問題的「石頭湯」活動，靈感則是取自童話故事：很多人一起提供資源，共同煮成一鍋大家可以享用的湯。巫彥德在太陽花學運時期發現，群眾的力量可以改變許多事情，所以人生百味希望「石頭湯」以募集方式取得場地、廚師以及食材，成為一個群眾參與的活動，也讓參與者能彼此認識。

此外，人生百味也會帶領大家到台北車站跟無家者一起吃飯。許多參與者事後表示，原本以為自己是來幫助街友的，但最後收穫最大的反而是自己。事實上，街友大多都很友善，也都很有想法，願意分享自己的故事。

由於許多人參與了這個過程，所以活動有餘裕繼續進行；人生百味後來也出版了《街頭生存指南》一書，並舉辦了較大規模的活動，甚至還拍攝了紀錄片。

在不同的群體中談他們在意的事情、講不同的內容，是人生百味團隊不斷在練習與嘗試的事，其中最難的「技巧」之一，是語言的使用方式。老一輩居民使用語言的方式，跟年輕一代的都市人並不一樣，而要傳達團隊想做的事，就要先學會對方使用語言的方式。巫彥德說，過去，大家常常會覺得自己幫不上忙，於是把這些幫助別人的工作交給警察、社工或是政治人物，但也失去了很多學習溝通的機會，「其實，我們都是有能力的，而人生百味所做的，則是讓大家知道可以如何開始幫忙，讓每個人都可以提供支持的力量。」

「體驗計畫」帶來理解與同理心

人生百味曾經舉辦過一個稱為「夏日街頭教室」的體驗計畫，讓參與者體驗街友的真實日常生活。其中有位女性參與者，原本想跟某些街友一樣，早上五點就去排隊應徵

「路邊舉廣告牌」，但因為活動名額到前一位剛好額滿，於是擔任「導師」的街友建議她改去撿回收。因為，他們實際上的日常就是這樣子：即使想做，也不見得每天都能順利找到工作。

她撿拾了一整天，晚上把成果送到回收場，回收場的工作人員告訴她：「一般這樣的份量只能換五十元，但這次給妳二百元好了。」導師告訴她，這樣還不錯，可以去吃飯了。但這位參與者卻說想喝咖啡店的咖啡，因為吃飯已經不能慰藉她一整天的辛苦，只有喝咖啡才能得到滿足。

此時，她自己忽然明白了，為什麼街友即使有了工作，往往還是口袋空空：因為生活中有太多不如意的事，所以他們經常在轉瞬間把辛苦賺來的錢花掉，作為一種無可奈何的抒發方式。

只是，一般人日常的「上咖啡廳」，對街友來說仍然是一種奢侈，而這個體驗過程，就是希望大家也能以同理心來看待這種心情。這樣的體驗計畫，希望可以改變城市居民看待弱勢族群的方式，以及面對社會問題的態度：我們該把這些問題隱藏在「美化」的廣告看板後面，還是讓大家感同身受，然後一起想辦法解決？

一個敢於面對問題，進而由居民攜手合作共創的城市，才是一個真正進步的社會。

鼓勵街賣者，以自信態度提供商品

台灣探討都市貧困問題的文獻不多，一般人對於弱勢族群的理解也相當淺薄。有些街友經常被社會排斥，也沒有固定居所，所以收不到法院傳票之類的公文書，往往直到被臨檢，才知道自己被利用當作人頭戶，甚至已經違法了也不自知。

許多弱勢人士只能從事被剝削的勞動工作，往往也是因為背負著太多來自社會的不友善，導致他們僅能回到社會的角落求生，「幸運的我們必須理解的是，他們的貧困並不是自己的選擇，所以，如果我們能多一點體諒、多為弱勢的人們考量，或許可以幫助他們過得更好，更有動力。」巫彥德說。

另一方面，雖然從事街賣是部分人士努力維持生活品質，避免成為街友的最後選擇，但人生百味仍然鼓勵他們以自信的態度提供商品，而不需要抱持「有求於人」的態度。然而，在法規上還是有對於街賣者，尤其是身障者造成窒礙的問題，例如警方會引用《道路交通管理條例》等條文，以「雜物堆積」之類的理由對街賣者開罰。這就引出了一個問題：街賣者從事的是「體制外經濟」，但卻遭到「體制內」的法條規範去規範，形成一個相當令人為難的狀況。

關於這方面的修法，國內還沒有太多論述可以參考，但有些歐美國家會指定區域，讓街賣者安心從事銷售行為。或許台灣也可以參考國外經驗，開放某些區域讓街賣者合法、合理、有限度的營業，協助他們改善生計。

「人生柑仔店」開發自有形象商品

「人生柑仔店」這個計畫，便是從販賣雜貨的概念思考，除了常見的口香糖、衛生紙之外，也開發其他特色產品供街賣者販售。

人生百味團隊過去較常接觸農產品，所以一開始為了推廣，用「友善農業產品」概念吸引消費者，做了果乾跟紅茶。但他們發現，要向街賣者解釋什麼是有機、有機的好處、不要灑農藥、要合理化施肥等概念並不容易。如果團隊沒辦法與街賣者溝通這些觀念，後者也很難向消費者解釋商品的背景，進而賣出商品，所以這個方向遭遇了一定程度的困難。

於是團隊後來找到一些比較容易銷售的商品，例如因為爭取台北為「設計之都」而與聶永真合作設計的泡泡糖，才在銷售上有了突破；之後又與馬來貘合作設計香氛片，並陸續與其他插畫家合作限量商品，供街賣者銷售。總之，如果團隊發現街賣者無法自然地銷售某些商品，就會馬上改變提供的商品內容。

現在，人生百味團隊已經開發了一系列自有形象商品，甚至在粉絲頁上還有「人生柑仔店」短篇漫畫等等。因為，藝術家的現成作品即使賣得再好，跟街賣者本身也缺乏關聯性；但如果有街賣者熟悉的日常生活靈感，再以這些素材與藝術家合作，創造屬於真實人生風味的商品，就能更容易讓人們理解街賣者生活中的苦樂。

街賣的消費心理過程，跟一般的消費行為是相反的；顧客通常已經先決定要買，也就是提供幫助，才去選購想要的商品，所以，觸發對街賣消費行為的，並不是對於商品的需要，而是互助的動機。因此，這個模式最需要改變的並不是商品，而是消費體驗，最好在消費的過程中，也能讓顧客得到助人的回饋。

團隊一開始以為，街賣商業模式是可以損益兩平的，沒想到實際上一直在賠錢。因為，街賣者已經習慣取得三至五成的毛利，也就是說，團隊在扣除街賣利潤，以及商品成本及物流倉儲之後，利潤只有一成或更低。

由於人生百味成員缺乏商業財會背景，所以在估算成本利潤上有所失誤，這是他們在檢討之後，找出需要繼續學習與進步的地方。

微型社會企業的挑戰

人生百味所創立的「人生柑仔店」，可以說是一家微型社會企業。事實上，許多社會創新者的目標並不在於創業，但為了達成目標，最終還是走上了創業之路。

人生百味在創業過程中，由於經常被界定為「非社會企業」，所以在申請各種補助時往往遭遇到困難，他們雖然有諸如前述街賣之類的商業模式，但並沒有從中獲得理想的利潤，甚至還必須花力氣到外面提案、談合作，才能勉強有些盈餘。

當他們希望藉由活動來提高街友形象時，也常被補助審查委員質疑「何不直接幫街友找工作，解決他們的就業困難就好？」對於人生百味來說，幫忙找工作固然重要，但卻是治標不治本，並無法解決街友的「隱藏問題」，像是求職、住宿、污名化以及自我地位的認知等等。成為街友的人能不能重新站起來，心理素質的強弱與否，以及對自我的認知都扮演著非常重要的角色。有些人並不願意被幫助，也有些人不願意面對現實困境，這些都會影響到他們重新進入一般社會的能力與意願。

團隊在與街友接觸的過程中發現，除了經濟來源多寡之外，與社會之間的連結也是影響生活型態的重要因素。一個人如果沒有了家庭、朋友或是人際網路，自我的存在感會變得低落，甚至在遭遇挫折時沒辦法再站起來，或是將無謂的花費變成自我滿足與娛樂的方式。而這樣隱藏的問題，才是人生百味希望提供協助與解法的方向。也因為如此，相較於「直接解決個別問題」的做法，人生百味確實比較難得到提供給社會企業的補助資源。因此，他們的方向變成了先設法找到有效的商業模式，再向大眾募集資源來持續運作。

曾經有輔助案的審查委員問：「你們的競爭優勢是什麼？如何提高競爭優勢？」但對於人生百味團隊來說，弱勢議題本就乏人關注，所以並沒有所謂的競爭問題，如果有其他人願意投入，反而是他們所樂見的合作機會，畢竟在這條解決都市貧窮、促進社會融合的路上，每一分力都彌足珍貴。

人生百味 × 創新力

- 機會點：都市貧窮的問題無人關心，都市邊緣人、街友離社會越來越遠。
- 創新性：透過策展、活動、商店計畫，讓大家體驗、接觸、認識街友的困境跟需求。
- 向善性：將社會邊緣人重新拉回人群中。

巫彥德

數位創新時代帶給了社會更高的效率，我們用比過去更少的時間，換到比過去更多的資訊，但作為一個生活在數位時代的人，我們是否有比過去更幸福呢，科技是工具，效率是過程，幸福才是目標，願我們在這個遠比過去更快速的時代，能牢牢記得什麼才是最重要的事。

怎麼解決都市貧窮的問題？在回答這個問題之前，要先確認多數人了解到這個問題的存在，但目前的情況卻是很少有人知道都市邊緣人的處境，也不想知道，有時甚至是刻意忽略、排斥。

人生百味的創立，就是要將這個許多人不願直視的問題拉上檯面，喚起大眾對都市貧窮議題的重視，也喚起人民對社會弱勢者的同理心，因為民眾對於街友的刻板印象，只會導致更多的社會排除，把這群都市邊緣人都推到看不見的角落裡，但他們其實一直都在。

透過持續性的活動、與設計師合作的街賣，人生百味希望能帶來結構性的改變，而不是個案協助，就像當社會救助網有了破洞，該做的不是一直在網子下面接掉落下來的人，而是應該想辦法把破網補起來，或是用更堅韌的材質做一張新網，否則都市邊緣人所顯現出體制內對體制外的壓迫只會持續發生，弱勢者也只會不斷從破網中掉出。

簡單、直接的方法往往無法解決複雜問題，都市貧窮也是，許多街友流落街頭其實不是因為找不到工作，而是有更深層的家庭、社會、健康或是心理問題，這不是幫助他們求職就可以解決的事情，而這些隱藏的問題，才是人生百味希望了解，把破網補起來的關鍵。

余宛如

人生百味選擇的，是一個幾乎沒有競爭的市場，因為從來沒有人想過要用商業模式解決貧窮問題，要從貧窮中賺錢好像本來就有點衝突，這間社會企業要能走得長久，靠的絕對不是社會的愛心，而是喚醒更多消費者，用消費參與社會改變。

chapter
15

春池玻璃

帶動循環經濟、
復興傳產的「玻璃心」

傳統回收業者為什麼突然要做循環經濟？由企業二代來操刀轉型，又會碰上什麼難處？春池玻璃的寶貴經驗，一次回答了這兩個許多台灣中小企業共同面臨的挑戰。透過文化創新思維，春池成功讓台灣傳統玻璃技藝浴火重生，站上世界舞台。

company file

公司名稱 春池玻璃實業有限公司

創辦人 吳春池

成立時間 1961年

網站 springpoolglass.com

企業理念

春池玻璃抱著「月是故鄉圓」以及「家鄉最好」的心意，使玻璃藝術、工藝、永續產業能夠在新竹永續生存，並且發揚光大。另一方面，春池玻璃也本著循環經濟的理念，繼續發展及壯大玻璃的回收並提升價值的原則，以身作則，讓地球及自己的公司，透過環保理念得以永續經營。

當毛利變得微薄，創新是不得不為的挑戰

「循環經濟」聽起來像是個新名詞，但在台灣，循環經濟其實早已是我們的日常，甚至做得比許多國家都好。簡單的說，循環經濟就是資源的回收與再利用。

說到循環經濟，就不得不提到國內的傳統回收玻璃企業「春池玻璃」，春池玻璃如何在回收產業的不景氣中找出企業轉型方向、克服二代接班的考驗，甚至將玻璃產品推廣到海外，都值得國人借鏡。

總統創新獎的得主吳庭安，是春池玻璃的董事長特助，也是這家傳統產業的二代接班人，面臨著公司創立五十多年之後的轉型考驗。世界變化很快，台灣很多傳統產業都面臨二代接班問題，年輕人有許多不同於上一輩的生活經驗，也有很多新的想法想要落實，而如何溝通又同時獲得肯定，都是二代在接班過程中必須面對的。

回收玻璃，原本往往被認為是位於循環鏈低階的工作，因為一公斤的回收價格只有幾毛錢，與其他金屬或是塑膠回收物相差甚遠，約莫只有十分之一。不僅利潤太低，而且又重，手也容易被刺傷，所以有時連回收業者都不太願意接受。然而，對於從小成長於自家回收廠的吳庭安來說，雖然回收玻璃很辛苦，必須非常努力才能賺取微薄利潤，但卻是個有意義的工作，因為玻璃是可以百分之百回收再利用的材料，所以春池做的事

情，也可以說是在解決社會問題。至於如何將玻璃回收再生，並且找出附加價值，則又是另外一道難題。

循環經濟的價值，在於做出一個模型，並且要能被普世價值所接受，再回饋到市場之後，整個循環才算完成，並不是自己做了有價值的事情，就必定可以被大家認可。春池玻璃一直面臨很大的轉型挑戰：他們過去只是回收業者，但回收是一個過程，要把東西重新推回市場，才能完成這個循環。而讓產品回歸市場時能創造新的價值，則是他們目前最重要的核心。

從小看父親經營工廠的吳庭安，其實沒有想過走不同的路，反而因為耳濡目染，大學讀了材料相關科系，之後又到英國就讀工業管理。回國之後，他則是選擇了先到台積電服務將近四年。在台積電擔任營

春池玻璃第二代接班人吳庭安。

運策略部門工程師的經歷，對他來說相當重要。他認為，人這輩子一定要當過別人的員工，才會知道一家公司的經營不是那麼簡單，必須從基層去了解整家公司的營運，一步步往前走，才有機會得到一點點成功。

有壓力，就會有創新

在玻璃產業的全盛時期，新竹有超過三分之一人口是靠玻璃相關產業生活，春池玻璃也是其中之一。但因為回收玻璃利潤非常低，所以春池其實是被逼著必須創造出新的價值，否則很快就會被時代洪流打敗，而在吳庭安剛回到家族企業時，面臨的第一個考驗就是找出回收玻璃的轉型之路。

台灣有一種特殊的玻璃產品稱為「ＬＣＤ玻璃」，主要用於手機、液晶電視等電子產品的螢幕面板上，因為含有氧化鋁的成分，所以很少有廠商願意回收。由於氧化鋁是相當耐高溫的材料，所以當ＬＣＤ玻璃進入再生製程時，必須使用重新設計過的超高溫窯爐，也因為它耐高溫、不易融解，所以再製成本也更高。

原本一直煩惱著這個問題如何解決的吳庭安，將ＬＣＤ玻璃的缺點巧妙轉換成了優點：考量到耐高溫的特色，他將ＬＣＤ玻璃回收之後，再製成了防火、隔音、隔熱的建材，成為非常輕量的節能玻璃磚。這也是累積了五十多年知識和經驗的春池玻璃，才有辦法創造出來的新產品。

這款獲得專利的玻璃磚，具有耐熱和隔音效果極佳的特性，也受到了國際市場的肯定，不僅成功銷往建材品管嚴格的新加坡，也通過了嚴格的德國TUV防火認證，並獲得了《國家地理頻道》的報導。

此外，許多醫院的變電室也使用了這個材料。因為萬一醫院發生火災，電力必須繼續維持兩、三個小時以上，否則病人的維生系統可能因為斷電而停止，所以高強度的耐火材料是非常重要的。

透過「企業轉型」與「循環經濟」解決社會問題

春池每年回收的玻璃多達十幾萬噸，所以任何創新轉型都需要非常實際而且可行的思維。因此在研究節能磚產品時，必須先評估市場需求，並參考現今建築工法的各種常見材料特性，以及輕隔間系統的需求，最後還要獲得內政部營建署的認可，才能成為上市銷售的產品。

LCD玻璃的例子，就是透過「企業轉型」與「循環經濟」來解決社會問題很好的方法與商機。吳庭安在轉型之路上，除了專注原先的回收業務之外，也致力開發不同型態的材料，讓春池除了是回收商之外，也能成為材料的製造商，進而創造出自己的產品。

與其說春池做的是「創新」，吳庭安認為自己做的其實是「創舊」，是站在巨人的肩膀上，藉助著很多過去的經驗，再想辦法做出創新。因為，如果空有想法卻不能執行，那就只會是一個無法真正實現的理想。吳庭安覺得，自己有學自台積電的DNA，他最喜歡的一句話是：「這個提案很好，但你能執行嗎？」要想出新點子並不難，但如果要找出真正可以實作的，最直接的方法就是隨時挑戰自己。

常有人問，春池什麼時候會推出新產品？但對吳庭安來說，最重要的不是一直做新產品，而是把每個當下的事情做好。把每件事情做好，成果就會累積；只要針對一、兩個點子徹底執行、逐步成長開發，這樣的累積就能開創出新的價值。

「W春池計畫」：傳產的文藝復興

過去談文創，經常是希望從脈絡中找到新的突破、解決舊的問題，進而促成系統性的變革；而今天的春池，則希望透過文創與跨界合作來突破困境。這時候最值得一提的，就是目前進行中的「W春池計畫」了。

這是一個從文化脈絡之中延展出來的計畫。其中「W」代表「無」，意即「沒有」的意思。也就是說，春池這家公司不重要，重要的是「循環」的概念。這個被稱為「溫柔的永續計畫」專案，重點在於借重春池製作玻璃多年的老師傅，搭配回收材料，再加上與外部設計師合作，來設計製作新的作品。

例如請老師傅以口吹玻璃技術，重新製作環保玻璃吸管，由於是手工製作，每根吸管都有自己獨一無二的紋路與特質，就成為一種創新產品。又如霓虹燈管，從前是由老師傅兩個人一組，以口吹、塑形、冷卻的步驟製作出來，如果是技藝高超的老師傅，甚至可以一次吹出十幾二十公尺的霓虹燈管。

春池把玻璃變成會讓人想收藏的產品。

這些非常高超的技巧，卻由於現代流行美學以及使用方式的改變，使得老師傅變得英雄無用武之地，相當可惜，若能結合創新思維加以設計，就有機會賦予老技藝新生命。

因此「W春池計畫」嘗試透過跨界整合，推出合乎當代美學的新作品，使技藝得以再現，不僅讓老師傅為自己感到驕傲，也讓晚輩們同樣引以為榮。如果一個傳統技藝能讓年輕人覺得有趣，就有機會成為有意義的地方創生經驗，也可以吸引更多人回頭加入這個循環產業。

「W春池計畫」邀請了林懷民、聶永真、江振誠、方序中、林俊傑等許多創新藝術家加入一同創作，透過藝術家、設計師、策展人的參與，進一步帶動社會大眾關注美學與循環經濟的概念，讓這個計畫更容易推廣給一般消費者。未來，「W春池計畫」可能會比春池玻璃的公司主體更加重要，因為它是傳產的文藝復興，也是一種能夠創造未來需求、從生活中帶動隱形循環經濟的契機。

透過這個模式，傳統產業可以推出各種有意義而且能夠永續的案例，讓創新走向下一個階段。屆時台灣能推向國際的，是像春池一樣許許多多能代表台灣的品牌；同時也讓循環經濟成為一種商業模式，讓台灣與全世界的回收業者合作，在保護環境之餘，也創造更多產值。

有人問，春池為什麼不直接跟國外業者合作，而是希望國人先了解並支持這個概念？吳庭安認為，先讓周邊的人認同，然後再走出去更好。這是一個讓台灣大眾都可以一同加入的行動，對於循環經濟概念的推廣，也更有實質上的意義。

讓回收成為起點的「S實驗計畫」

過去，回收是一個終點，回收物丟出去後就與我們無關，但春池推出的「S計畫」實驗的專案，目標是結合創意與科技，改變國人對於回收的概念，讓回收可以成為生活的起點。這個計畫的作法，是在特定超市擺放搭配手機app的回收機；當人們將玻璃帶去回收時，就會在app上隨機獲得各種價值不一的寶石。這些寶石可以用來在合作店家兌換商品，透過類似「以物易物」的概念來帶動回收循環。

「S計畫」中的回收機擺放地點都經過審慎評估，會選擇目前的超市，是因為前來的消費者都有著共同的購物目的，所以過來之前就可以順道攜帶回收玻璃，讓回收成為日常採買過程的一部分。

吳庭安原本評估，每部回收機一天頂多能回收三四百支玻璃瓶，何況機器也有大約五百支的容量限制，不料人們的熱情完全超過他的想像，目前的最高紀錄是一天超過三千支，平常平均也有大約一千七百支。在回收機前面，甚至曾經出現排隊超過一個小時的人潮。這讓他了解到，人們不是不願意做，而是需要創造誘因與價值，把回收變成一件有趣的事，這樣不僅符合時代需求，也能翻轉觀念，帶來更多的教育意義。

二代接班激發創新能量

對吳廷安來說，創新並不是突發奇想、魯莽從事，而是需要縝密思考，搭配舊有經驗，再加上新的想法重新整合，才會成為可以執行的計畫。

吳庭安分享，他在一天之中的每個小時、每分每秒，都一直在挑戰自己、思考自己做的到底是否正確、用每個角度去探討邏輯是否合理、做的事情是否有意義……「該不該做？能不能做？」他從父親身上體會到了「施比受更有福」的道理，努力做好每一個當下，也在台積電的工作經驗中，學習到了如何有組織、有效率地營運一家公司。

他認為，做任何一件事情之前都不能想「什麼時候會達到效益」，如果想得太遠，就會有干擾因素出現；也就是說，專注每個當下才能徹底執行、才能創造出有用的創新。「時時歸零自己，永遠保持創新思維，是很重要的修煉。」他表示。

在吳庭安的努力下，春池引入創新思維，藉由創作與展示，提升了玻璃美感與價值，也提升玻璃業界的形象，使民眾對玻璃業產生更多的認識及了解。

從春池的轉型經驗我們可以看到，新竹的玻璃產業曾經在全世界占有一席之地，但在全球化風潮以及大環境影響下，進入了蕭條期，因此極需「循環系統整合」及「智慧轉型」的經營者。在吳庭安的努力下，春池引入創新思維，藉由創作與展示，提升了玻璃美感與價值，也提升玻璃業界的形象，使民眾對玻璃業有更多的認識及了解。

玻璃產業是傳統產業，且玻璃產業的再研發更是資金與經營的重大考驗，其中產生的挫折與成果亦是考驗經營者的意志力與耐力的結果。在科技一日千里的變化、商業競爭與淘汰中，要堅守傳統產業繼續存在，除了投資與利益取得平衡的挑戰，更需要比別人努力經營、用心開發及創新，方能維持生機。

春池玻璃 × 創新力

- 機會點：廢玻璃的回收難處理，且業者不知道怎麼再利用。
- 創新性：充分利用玻璃的原性再製新產品，並和設計師合作，復興玻璃工藝。
- 向善性：解決廢玻璃回收問題，賦予玻璃第二生命，資源再利用。

吳庭安

循環經濟其實已經是很多人的工作，也早已存在我們的日常生活之中，只是多數人或許無法一下子說清它的概念，但永續價值是每個人都應該一起努力推動的。

一個人或一家企業的力量都是有限的，如果能把循環經濟的理念設計在生活之中，影響的範圍就會擴散得更廣、更遠。而這是我們的社會責任，也是提倡環境美學、引導消費者重視環保的方法；唯有如此，我們對於下一代，甚至下一代之後的生活，才能有正面的貢獻與回饋。

春池玻璃會選擇步入循環經濟產業，其實背後有不得不面對的經濟壓力，但在企業二代吳庭安的創意和高度執行力下，成為一個極成功的老企業轉型重生案例。

玻璃的循環，不外乎就是回收及再生兩個面向，而春池玻璃用兩個專案計畫顛覆了我們對玻璃循環的想像。首先是「S回收計畫」，透過遊戲集寶的設計將回收變好玩，誘發人們的興趣跟動機，也成功製造話題。接著是把回收過來的玻璃再利用，「W春池計畫」幾乎已經讓春池玻璃變成一家文創企業、美學企業了，證明傳統工藝還是能夠藉由設計力創造出更大的價值。

用專案形式試水溫，推動企業轉型其實是個很好的方法，特別像是春池玻璃這樣有許多專業老師傅的產業，二代接班人更要能先拿出一些成績證明自己的能耐，才比較有機會說服認為公司不需要改變的人。

循環經濟其實也是現任政府推動的「5+2」創新產業之一，鼓勵資源生命週期延長或不斷循環，以緩解廢棄物與污染問題，建立一個「從搖籃到搖籃」的新經濟模式。畢竟廢棄物其實就是錯置的資源，透過循環再生的創新發展模式，垃圾也能變黃金。

余宛如

為了宣示台灣向循環經濟邁進的決心，讓產業發展從「開採、製造、使用、丟棄」直線式的線性經濟，轉型為「資源永續」的循環經濟，行政院在2018年底通過了《循環經濟推動方案》，將循環經濟理念及永續創新思維融入各項經濟活動，以創造經濟與環保雙贏並接軌國際。

第四部

數位經濟賽程
駐台大使專訪

數位經濟賽程，駐台大使專訪

台灣身為自由開放的經濟體、民主國家社群中重要的一分子，在發展的同時，也與不同的國家互相交流學習，從比較傳統的領域像是經貿、教育、科學、文化和旅遊，到前面幾個篇章曾提到的新創、數位經濟轉型和社會企業等等，其實都有密切的互動。

或許是因為我深耕的議題都有一些國際面向，在立法院內常常有國際交流的機會，以新創為例，我曾多次在台灣接待外國新創團隊和投資人，向他們介紹台灣新創環境在過去幾年內的進步，鼓勵他們來台設點、投資。我也幾次出訪外國，替台灣新創發聲，尋找合作、培訓、開拓市場的機會。

每個國家追求數位化的策略、路徑、法規建構都不一樣，但相同的是大家都想站在浪潮的頂端，成為二十一世紀最具競爭力、最宜人居住的國家。這時適當的參考、學習別人成功的經驗或是政策就很重要，我們常說「知己知彼，百戰百勝」，台灣資源有限，更要透過國際交流，了解自身優勢，找到在全球數位架構下的利基點。

現在訊息和科技進步日新月異，各國政府都在跟時間賽跑，比的是誰更有企圖心、更願意大破大立，誰更能即時的彈性調整不合時宜的法規，這點從AI、無人駕駛、區塊鏈、虛擬貨幣、開放銀行等議題中都能察覺。

因此，除了介紹在台灣各領域默默努力的優秀年輕創業家，第四部的內容，我們特地訪問了澳洲、法國、瑞典、馬來西亞和以色列五個國家的駐台大使，請他們和台灣讀者分享自己的國家政府和台灣目前的雙邊關係、新創交流，以及如何進行數位轉型的經驗等等。

看完本部你會發現，法國在台協會過去幾年在台灣不只催生了很多大型的文化活動，在和台灣進行新創交流的國家中，他們可是最積極的；同屬印太地區的澳洲，則因蔡政府綠能轉型政策而促成了雙方緊密的能源交流，澳洲也因為推動開放銀行有成，是許多金融科技新創的首選；瑞典人口不到台灣一半，卻獲得「獨角獸工廠」、「北歐的新創之星」的稱號，他們是怎麼辦到的？以色列獨特的「虎刺巴」精神和不怕失敗的創業文化，讓全世界都來向他們取經；馬來西亞身為台灣「新南向政策」重要的合作伙伴國，近幾年雙方在人員、投資等各領域的交流穩定提升。

他山之石可以攻錯，在了解我們自身的定位、必須做出什麼樣的調適之後，台灣的每一步將會跨得更加踏實。

chapter
16

澳洲

不只農業大國 打造全方位新創生態系

二〇一八年十月底，英國《經濟學人》雜誌特地以「澳洲經濟」作為封面主題，探討為何澳洲經濟可以在一九九七年亞洲金融風暴，以及二〇〇八年全球金融海嘯中全身而退，締造長達二十八年連續經濟成長的奇蹟。其實，澳洲不只有豐富的天然資源與發達的農業，新創事業和成功的數位經濟轉型也是幕後功臣。

台澳積極推動產業合作

每年拿著打工度假簽證前往澳洲的台灣青年不在少數，但是台灣民眾對這遠在南半球的國家卻仍感陌生。過去幾年因台灣政府的綠能轉型政策，台澳關係逐步擴張到能源領域，但澳洲長達近三十年穩健的經濟表現，或許才是最多人想要了解的祕密。

走進澳洲代表處，可以發現這裡擺滿了澳洲藝術家的抽象藝術品和畫作，似乎展現著澳洲人自由奔放、具有拓荒精神的天性。

代表秘書帶領我們進入一個明亮的正方形會議室，不久之後只見身材高大的澳洲駐台代表蓋瑞（Gary Cowan）走進來，熱情的與我們打招呼，準備好向我們介紹澳洲經濟奇蹟的配方。

「我必須說，台灣與澳洲在整體關係上是非常友善，而且有成效的。」蓋瑞代表表示。台灣和澳洲現在在能源、農業、旅遊、打工度假以及大學交流等方面，都有著非常密切的合作，尤其在能源部分，拜現任澳洲政府的能源政策之賜，台澳之間有越來越多交流。例如台灣向澳洲購買了許多煤和液化天然氣，而澳洲也投資了台灣的離岸風力發電產業。

除了能源產業合作之外，澳洲與台灣也在二〇一六年底簽署了《開放天空協議》

（Open Sky Agreement），增加往返台澳之間的班機；加上兩國民眾可以使用自助通關入境，也讓雙方人民觀光、洽公都更加方便。難怪現在有越來越多台灣人前往澳洲工作或居住，也有更多澳洲人願意來到台灣長居。

蓬勃發展的新創企業生態

澳洲這個國家，對世界各地的新創事業其實具有非常大的吸引力。首先，澳洲經濟在過去的二十八年一直維持著穩定成長，沒有出現經濟衰退的情況，這代表著經商環境的穩定。

第二，澳洲貿易和投資委員會（The Australian Trade and Investment Commission，簡稱Austrade）旗下有一個單位叫做「降落區」（Landing Pads），專門協助澳洲新創公司拓展海外業務，他們也在全球設立了五個創新中心，分別是特拉維夫、柏林、上海、新加坡和舊金山。只要向這個機構申請成功，新創企業便享有使用九十天共享辦公室、介紹投資者、訪問澳洲商界和專業建議的福利。

第三，澳洲聯邦政府推出了「企業家計劃」（Entrepreneurs' Programme），教導新創企業如何將創業商業化、輔導經營企業、提供孵化器服務諮詢，以及建議公司可以改善的地方等等。

除了上述政策之外，澳洲還有許多世界一流的大學和科學研究中心，這些都發揮了很大的作用，並且幫助澳洲打造了更加完整的經商環境。不過，如果澳洲經濟要持續成長，仍然必須隨著環境改變做出適當調整。例如目前網路普及率欠佳、企業稅比許多鄰近國家更高、企業倒閉申請破產程序過於冗長等等，都是需要解決的問題。

「這段時間能縮得越短越好。萬一創業失敗，能夠很容易的再度站起來，其實就是矽谷精神。」蓋瑞代表堅定的表示。

澳洲駐台代表，蓋瑞（Gary Cowan）。

澳洲新創的合作契機

台灣和澳洲是否能在新創企業領域達成合作呢？蓋瑞代表認為，台灣是澳洲很重要的貿易伙伴，而且台灣處於重要的戰略位置，離主要的幾個亞洲市場也相當近。除此之外，台灣的硬體、製造以及科技能力，對於澳洲也非常有吸引力。因此，澳洲代表處也會積極向澳洲企業推廣適合在台灣投資的計畫和產業。

二〇一八年，「SpaceDraft」與「Neuromersiv」兩家澳洲新創公司來台參加「創業台北」所舉辦的「Global Startup Talent Program@Taipei」活動；其中SpaceDraft專注於前期製作領域的VR／AR（虛擬／擴增實境）技術，而Neuromersiv則是一家利用VR技術，為中風患者進行大腦康復治療的醫療保健公司。

SpaceDraft的CEO兼聯合創始人露西．庫克（Lucy Cooke），對於台灣的新創事業生態相當肯定。她認為，整個台灣社會從上到下都對新創非常支持，台灣也有非常多的科技巨擘，只要願意學習，台灣隨時有足夠的資源可以提供。因此，她非常推薦新創事業來台灣發展。而Neuromersiv的共同創始人Anshul Dayal，對台灣的新創環境也讚譽有加。他表示，台灣的資源以及基礎設施都非常完善，如果有澳洲公司想將事業版圖擴展到亞洲國家或是世界各國，台灣會是一個非常好的起點。

目前也有「DeepBlu」與「Insto」兩家台灣新創企業前往澳洲發展。DeepBlu致力於經營潛水愛好者的社群平台，以及研發潛水專用的電腦錶，他們開發的潛水錶不僅提供潛水員重要的安全資訊，上岸後還可以將潛水資訊匯入智慧型手機，再上傳至社群平台供同好瀏覽。

另一個在二〇一九年透過雪梨政府「Global Landing Pad」計劃前往澳洲的，則是台灣金融科技新創Insto。Insto提供的主要服務，是讓使用者透過線上的分期收付款機制，來進行產品的買賣或服務。

雲端醫療系統、開放銀行的發展

值得一提是，澳洲醫療系統已經藉由數位化來提高效率，民眾可以選擇是否將自己的醫療數據保存在政府的中央資料庫中；如此一來，就算在不同的醫院看病，也可以輕易調閱過去的病例。

另外，澳洲聯邦政府於二〇一七年通過「消費者資料權」（Consumer Data Right）法案，將所有形式的線上資料所有權還給使用者；而這項法案也間接促使澳洲「開放銀行」（open banking）業務的蓬勃發展，讓金融科技新創也更有機會在這裡生根茁壯。

澳洲的經驗值得台灣借鏡，而台灣企業也應該往外走、並且結合自身的優勢，才能在數位經濟與新創事業的浪潮中占有一席之地。

chapter
17

法國

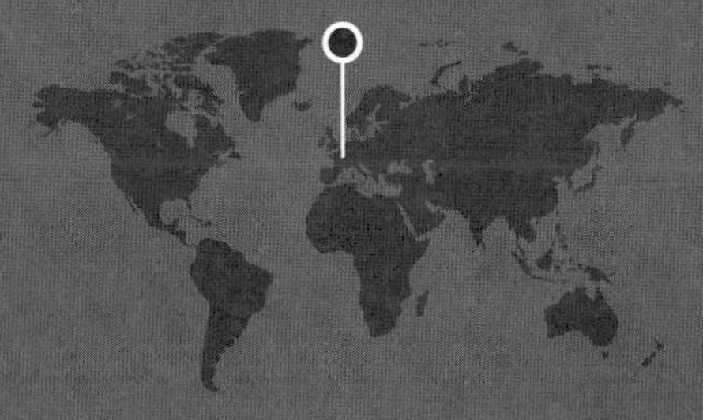

Tech for Good
以人為中心的科技創新

說到與台灣新創交流最積極的駐台使館，非法國在台協會莫屬。一方面現在的法國政府大力支持新創發展，另一方面台法雙方也確實有產業互補性，而在「Tech for Good」（科技向善）理念的號召之下，可以預見兩國的合作將會越來越緊密。

活潑多元的台法外交互動

在長方形的辦公室內，來台近四年的法國在台協會（簡稱法協）前主任紀博偉（Benoît Guidée）坐在古典木製的牆飾前，用中文和我們侃侃而談他任內日益深化的台法交流。

和許多外國駐台代表處相比，法協促進雙邊交流的面向更廣、手法也更加活潑多元，當大多數代表處依舊把對台焦點放在經貿議題時，法協則充分運用法國自身的優勢，在科學、藝術、文化、美食等領域都與台灣有深刻的互動。

對紀主任來說，考慮到台法過去在歷史上沒有太多交集，能夠取得現在這樣的合作成果是非常讓人興奮的，在未來，他相信台法關係絕對還有很大的提升空間。問到現在的台法交流跟以往有什麼不同？紀主任表示，雙方在文化、科技、環保、公民社會以及科學方面，有了更緊密且具體的互動。以前比較多是官方的交流，但現在民間交流也日趨頻繁，特別是在教育方面，法國有很多著名的一流大學，這些學校在過去幾年努力行銷自己，變得更加國際化。

法國的商學院開設了很多國際課程，法國大學的交換學生計畫也越來越多，透過口耳相傳的方式，法國大學近年來也吸引了許多台灣學生。根據教育部統計，目前大約有兩千名台灣學生在法國就讀；同樣地，也有許多法國學生來台後的經驗非常好，因而鼓勵身邊的人來台求學，創造良好的雙向互動。

這些發展都是法協非常樂見的，畢竟人跟人的實際交流，才是兩國維持長期友好關係的基石。這也是為什麼除了經貿、學術、藝術等交流外，近年來法協也努力推動一般台灣民眾能夠參與的大型文化活動，例如「白晝之夜」、「思辨之夜」以及「哲學週」等等。

不過紀主任也提到，台灣人雖然對法國普遍擁有良好的印象，然而這些印象並不是法國的全貌，法國也有自己的問題需要解決。法協希望和台灣公民社會與

法國在台協會前主任，紀博偉（Benoît Guidée）。

政府部門合作，把法國真實、完整的模樣呈現在台灣人面前。

同時，台灣和法國也共同面臨很多相似的問題，例如假新聞和民粹主義對民主制度的挑戰，如何鼓勵新創產業、文化保存以及能源轉型等等，頻繁的交流，將讓雙方能夠一起探索如何應對這些困難。

與台灣新創交流最深的歐洲國家

為了提振長期低迷的經濟、解決結構性失業問題、加速國家數位經濟轉型，法國政府在二〇一三年底啟動了「法國科技計畫」（La French Tech），目標是將法國打造成全世界下一個科技之都，透過科技新創能量，替法國經濟找到新的出路。

法國政府從美國矽谷的成功經驗觀察到，美國其實在科技發展上，並非每個領域都領先全球，但因為他們有發展成熟的新創生態圈，所以很多人才、資金與企業都會被吸引到美國，形成一個正向循環。所以，法國目前的策略是先累積數量足夠的新創團隊，努力培養「獨角獸」來增加曝光度，讓國際新創公司與投資者在尋找資源與標的時，會馬上聯想到法國，使法國新創生態系有機會快速成長茁壯。

正也因為如此，現任法國總統馬克宏在二〇一七年上任之後，隨即推出了「法國科技簽證」（French Tech Visa），以為期四年的特殊簽證，為三類外國科創人才（創業者、初創企業僱員、投資人）進入法國工作和生活，提供更加簡化和便利的行政手續。此外，法國政府更提撥了二億歐元，透過公共投資銀行（Banque Publique d'Investissement），大力支持種子期或成長期的新創公司快速發展。

而「法國科技計畫」中很重要的一點，就是在世界各地的新創城市中建立網路，加速與當地新創生態圈的交流和互動。在這樣的脈絡下，台灣和法國的新創交流也越來越多。二〇一六年十一月，法國在台北成立了第十個海外新創中心，命名為「French Tech Taiwan」。二〇一八年科技部規劃設立的「Taiwan Tech Arena」國際新創基地在台北小巨蛋正式開幕之後，French Tech Taiwan 也隨即進駐。

過去，台灣團隊會固定參加法國舉辦的歐洲年度科技盛會「Viva Tech」，二〇一九年更由台灣科技部親自帶隊參與，加強台灣新創前進歐洲連結產業機會。同時，法國物聯網龍頭 Sigfox 也在台北啟動了全球第二間「黑客屋」（Hacking house），透過活動比賽，鼓勵挑戰者在三個月內以物聯網技術解決大會提出的實際應用問題。這項比賽不僅加強了學生與業界之間的連結，也協助台灣訓練出更多科技人才。

紀主任強調，他非常看好台法新創企業的互補性。因為法國新創通常點子很多、技術實力堅強，但卻不知道如何將好的想法產品化、商業化，而這正是台灣企業的強項——

台灣除了科技硬體製造方面是世界上數一數二的，所處的生產鏈既國際化又有彈性，能以更好的性價比，把東西實作出來。

以人為中心的科技發展：Tech for Good

不過，法國並不會為了經濟發展而盲目追求科技和創新。紀主任表示，科技能幫助我們進步，但也會衍生出一些問題，因此有些原則還是必須遵守。像是法國現在雖然專注於AI的發展，但他們普遍認為AI是需要管理規範的。所以，法國選擇的路徑和美國的「放任式」或是中國的「中央管理式」並不一樣，法國的做法是從一開始就納入政府、企業、民間三方討論，共同找出大家都可以接受的發展方向。

其他重要問題，還包括隨著數位經濟崛起，人民、消費者線上的資料安全和隱私保護也越來越重要，二〇一八年五月生效的歐盟法規《一般資料保護規範》（General Data Protection Regulation，簡稱 GDPR），就是為了確保個人資料不遭到企業濫用而制訂的法律。此外，有些政治人物會利用大數據的收集與設計，透過釋放各種訊號來操控選舉。這些都是法國所不樂見的，因此認為有必要制訂規則來解決相關問題。

法國希望能發展、鼓勵以人為中心的科技，因此不斷倡議「Tech for Good」（科技向善）的概念。科技應該是一股正向的力量，讓人類社會變得更好，但究竟如何在創新跟風險上取得平衡，法國也還在摸索。

chapter
18

瑞典

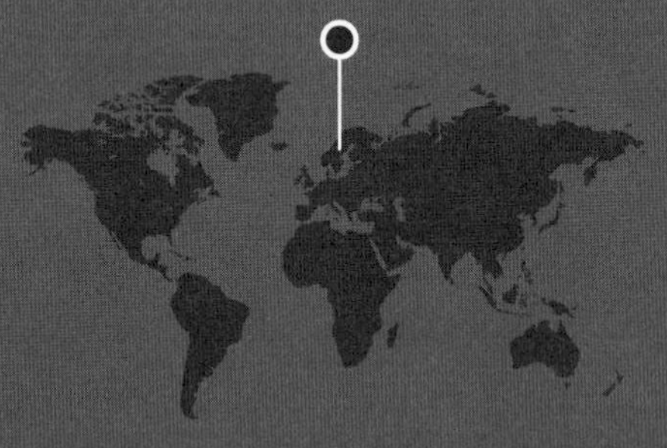

北歐之星打造新創國度
數位轉型成功的祕密

如果你對瑞典的印象還停留在高稅賦的福利國家、諾貝爾獎、IKEA和H&M，那就太落伍了！「獨角獸工廠」、「北方的新創之星」是外界現在對瑞典的新稱號。在這個人口不到台灣一半、面積卻超過十倍的北歐國家，孕育了在歐洲數量僅次於英國的獨角獸企業，遙遙領先法國、德國等歐洲大國。

台灣可以成為瑞典企業的亞洲灘頭堡？

為了一探瑞典新創蓬勃發展、政府成功推動數位轉型的祕密，我們來到了瑞典貿易暨投資委員會台北辦事處，專訪到任約半年多的瑞典駐台代表，言禾康（Håkan Jevrell）。

走進瑞典貿易暨投資委員會台北辦事處，迎接我們的不是警衛、櫃檯人員或是秘書，而是言代表本人。他親切地引領我們到他的辦公室，坐在電腦桌前表示：「等一下我可能需要給你們看一些資料與數據，所以還是直接在辦公室聊比較方便。」

說起目前台灣和瑞典的關係，言代表認為雙邊關係非常好、互動很密切，台灣也是瑞典很重要的貿易伙伴，雖然瑞典長期對台灣有著貿易逆差，但逆差數字不大且穩定。總體來說，台灣與瑞典有著健康的貿易關係。

言代表對雙方未來的經貿關係，也抱持著樂觀的態度，原因在於瑞典企業其實很晚才注意到台灣市場。通常，他們在往外擴張時，會先看鄰近的歐洲國家，再來是美國，最後才是亞洲。而就算選擇亞洲，他們也多半先注意人口多、市場大的中國和印度。但過去幾年來，他們漸漸認知到亞洲其他國家，例如台灣、韓國、日本以及新加坡，或許是更好的切入點。

因為這些先進國家的商業法規制度明確、市場自由，如果能夠先在這些市場獲得成功，之後再進入中國、東南亞國家等新興市場，應該會更容易。不過談到雙方的人員交流，言代表坦言還需要再加把勁。因為根據台灣教育部的資料，二〇一八年只有大約二百六十名瑞典學生在台灣唸書，而台灣學生至瑞典唸書的人數更少，僅有一百三十八位。因此他希望鼓勵更多台灣學生到瑞典求學，也希望台灣的產業界、學界能夠和瑞典有更多合作計畫。

問到台瑞雙方未來的合作方向，言代表表示，他對於「結合瑞典開發軟體的實力與台灣製造硬體的實力，以達到產業利益的最大化」相當看好。例如瑞典的愛立信（Ericsson）要往物聯網（IoT）方向發展時，就可以和台灣合作，變成半導體晶片的合作生產來源；這樣的互補性，就有機會促進台灣與瑞典的進一步經濟合作。

瑞典新創發達的祕密

除了一般人熟悉的愛立信、IKEA和H&M之外，瑞典其實也是音樂串流服務公司Spotify、休閒社交遊戲公司King（Candy Crush的創造者），以及金融科技公司iZettle等獨角獸企業的發源地。細究瑞典的地理環境、民族文化以及政府所扮演的角色，也就不難理解為什麼這裡的新創能量會如此源源不絕了。

言代表解釋，瑞典在地理環境上擁有充沛的水力資源，並用於發電，是西歐、北歐工業電力成本最低的國家，所以對於發展高科技產業很有幫助。而因為氣候險峻、人口稀少，所以瑞典人很早就了解團隊合作、彼此扶持的重要性；在產業上，必須以最快速度找出有效方法來解決問題，以避免資源浪費，而這些特質，正是成功的新創團隊所需要的。

另一方面，瑞典人口較少，也意味著企業的組織階層通常不會很多，所以員工更有機會彼此討論、交換想法，有助於新想法的產生和實踐；同時，組織扁平也讓瑞典企業能快速因應市場變化。

最後，正是因為人口少、本土市場

瑞典駐台代表，言禾康（Håkan Jevrell）。

小，所以新一代的瑞典創業家都知道，一定要走出去，才有機會獲得巨大的成功。這樣的商業思維，讓許多瑞典新創企業在成立初期就有全球布局的心態，也更容易獲得國際資金挹注，成為跨國企業。

除了瑞典的民族天性符合創業家特質外，言代表也提到兩點他認為有助瑞典新創生態圈建立的要素：

一、企業界自行建立的互助文化：瑞典許多已經成功的企業家，都不吝於回饋給新興創業家；從最早的愛立信，到中生代的IKEA，再到現在的Spotify，這些標竿企業都投入了不少資源，支持新一代瑞典創業家。

二、政府的支持：瑞典政府成立了專職單位「瑞典創新局」（Vinnova）來協助新創事業找人、找錢、找市場；創新局也時常與大學合作，鼓勵學界教授研究新技術，並將研究成果商業化。這一點的成果，從瑞典大學出色的專利申請數量就可以觀察出來。

從「金融服務」到「公共服務」無所不包的數位生活

當話題從新創轉到「數位經濟」和「數位治理」時，言代表馬上打開電腦實際操作，示範現場申請瑞典「AVANZA」銀行的帳戶，整個過程只花了不到十分鐘。

也就是說，瑞典人所需要的一切金融服務，都可以透過網路和手機完成，因此，就算來到台灣已經幾個月，他也並不一定必須在台灣開設銀行帳戶。

提到瑞典數位經濟發展的歷史，就不得不提到瑞典在二〇〇〇年所制定的《電子簽章法》。該國政府以此和瑞典最大的電信公司Telia合作，發行含有電子憑證的個人身分證，主要用於繳稅和登入政府網站。

瑞典的銀行業者們很快地嗅到商機，認為電子憑證也可以運用在網路銀行的身分驗證，因此幾家主要銀行便合資成立公司，於二〇〇三年開始發行流通於不同銀行之間的電子憑證：BankID。

BankID的出現，大幅提升了民眾在使用不同銀行帳戶時的便利性，例如從甲銀行申請到的BankID憑證，也能夠在乙網路銀行使用，讓轉帳、申請貸款等作業變得更有效率。在銀行業者的大力推廣下，BankID的用戶很快地就超越Telia的用戶，瑞典政府也順其自然地將它納入公共網站的系統。

二〇一〇年後，為了因應行動化趨勢，業者開始提供將BankID下載到手機上的服務；瑞典現在使用最廣泛、也最受歡迎的「Swish」行動支付服務app，就是以BankID為基礎來推廣業務。打開Swish之後，只需要輸入對方的手機號碼、使用者代號以及轉帳金額，再透過BankID完成驗證身分，就可以輕鬆進行轉帳或付款；對方也會即時收到交易完成的訊息，十分安全便利。

言代表提供的最後一個例子，是瑞典數位信箱公司「Kivra」。Kivra信箱除了可以整合政府部門寄送的郵件，還提供繳房租、水電費，以及保存重要行政文件的服務，已經成為瑞典政府數位經濟轉型成功的典範。

看來，除了美國矽谷和以色列，瑞典也是值得各國學習發展新創事業與數位經濟的取經之地。

chapter
19

馬來西亞

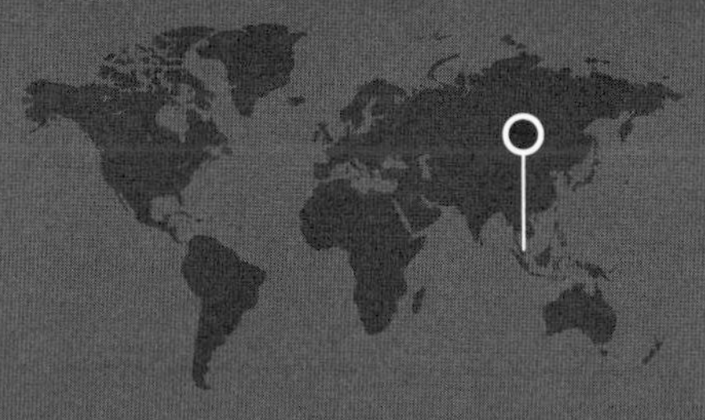

數位創新
東協地區新創事業的領導者

在新南向政策的推波助瀾下，越來越多台灣人到馬來西亞旅遊、投資、工作，雖然數位基礎設施或許還不比台灣，但馬來西亞近年來積極以公部門的力量支持新創發展，並默默孕育出了幾隻有成為「獨角獸」潛力的新創企業，東南亞新創中心的稱號近在咫尺。

往更高科技、更「智慧」的關係邁進

馬來西亞有許多著名的旅遊景點，包括雙子星塔、黑風洞、水上清真寺等等，綠意盎然的自然美景和蔚藍的海岸，都讓旅客流連忘返。但你知道馬來西亞也是東南亞地區的創新基地，更推出了許多的政策扶持新創事業嗎？是什麼樣的機遇，讓馬來西亞走向產業轉型、數位創新？台灣又是否可以借鏡馬來西亞的政策經驗呢？

根據經濟部二〇一八年的統計資料，馬來西亞是台灣第七大貿易伙伴，雙邊貿易金額近二百億美元，在東協內僅次於新加坡，是台灣最重要的貿易伙伴之一。同時，藉著每週七十三次來往台灣和馬來西亞的直飛航班，台灣多次名列馬來西亞外國遊客的前十名，二〇一八年也有超過五十萬名馬來西亞旅客前來台灣。在雙方看似緊密的經貿觀光交流之下，新上任的大馬駐台代表何瑞萍（Ho Swee Peng）又是怎麼看待台灣與馬來西亞之間的關係呢？

「總體來說，台灣與馬來西亞的雙邊關係是非常正面、多元的。」何瑞萍代表說。如何維持並持續深耕這層關係，是這位新任代表的首要目標。她也隨即點出馬來西亞對台灣的旅遊「逆差」超過二十萬人次，而且台灣旅客主要還是前往馬來西亞西部的大城市旅遊。因此，她未來會努力向台灣推廣馬來西亞東部的觀光資源。

現在的「馬來西亞友誼及貿易中心」共有貿易、投資、教育三大部門，代表著馬國政府希望兩國能夠在商業與教育方面有更深入的合作。何代表特別強調，這三個部門應該相輔相成，以一體化的方式運作，才能達成資源的有效運用。「過去，台灣與馬來西亞簽了許多合作備忘錄，在台灣就學的馬來西亞學生也多達一萬七千名。我們希望透過這些學術交流，能讓雙邊有更進一步的認識，長期來看也促進投資的可能性。」何代表說。

何代表相信，民間交流能帶動雙方政府加深兩國合作；未來特別是在ICT、環境、創新、區塊鏈、循環經濟和智慧城市等面向，馬來西亞都希望

大馬駐台代表，何瑞萍（Ho Swee Peng）。

能和台灣彼此學習，創造雙贏的局面。

政府多管齊下，積極鼓勵新創發展

針對世界各地發展新創的浪潮，馬來西亞政府是否也有推出因應的措施呢？答案是肯定的。從中央到地方，馬來西亞政府成立了三大組織：「馬來西亞全球創新及創造力中心」（Malaysian Global Innovation & Creativity Center，簡稱MaGIC）、「雪蘭莪資訊科技與電子商務理事會」（Selangor Information Technology and E-Commerce Council，簡稱SITEC）和「馬來西亞數位經濟機構」（Malaysia Digital Economy Corporation Sdn. Bhd.，簡稱MDCE）來協助全國各地的新創事業。

以二〇一四年成立的MaGIC為例，它和美國創投業者「500 Startups」與史丹佛大學合作，在第一年就投入了約四億新台幣的資金協助新創業者募資、媒合資源、提供創業相關的線上課程等等，試圖將馬來西亞打造成東南亞國協的新創中心。

另外，隸屬於馬來西亞財政部的搖籃基金公司（Cradle Fund Sdn. Bhd.），至今已為超過九百家的馬來西亞科技新創企業提供資金，並且在馬國政府的撥款中擁有最高的商業轉化率。

馬來西亞是否有機會和台灣在新創領域合作呢？何代表認為，雙邊政府都應該更積極尋求合作機會，促進人才、創新科技和資金交流。台灣有很友善的經商環境，但對於外國員工的身分處理較不友善；如果可以將相關法規鬆綁，可以增加台灣的競爭力。

同時她也認為，馬來西亞是個具有創新潛力的市場，已經催生了幾家知名新創企業，包括已經被Groupon併購的「GroupsMore」、汽車租賃公司「ICAR.com」，以及在東南亞擊敗Uber的「Grab」等等。

何代表也提到幾點可能限制馬來西亞創新產業的挑戰：

一、馬來西亞企業家通常滿足於國內的市場，而沒有計劃將業務拓展到其他國家。

二、亞洲人的觀念裡較少「回饋社會」的概念，也沒有前輩主動提攜後輩的習慣，但若沒有這種緊密的連結，新創社群很難團結並蓬勃發展。

三、相較於西方人，亞洲人不太擅長表達自己的想法或觀點，這讓亞洲新創家在競爭全球資金的時候處於劣勢。

四、馬來西亞目前也面臨人才外流的問題，像上述的Grab在成功營運後，就將業務轉移到新加坡。

何代表認為，若要解決此類問題，就應該鼓勵企業多僱用在地人才，並且訓練員工使用新科技，才能為自己增值。

數位轉型後更便捷的公共服務

台灣工研院與馬來西亞投資發展局（Malaysian Investment Development Authority，簡稱MIDA）於二〇一八年五月七日在吉隆坡簽署合作備忘錄，雙方將針對物聯網、循環經濟，以及智慧製造三大領域進行合作。

同年十一月，馬來西亞首相馬哈迪（Mahathir Mohamad）宣布「國家工業4.0政策」，希望透過此一項目提升生產力、創新以及員工的技術能力，來達到馬國製造業和服務行業的數位轉型，而這兩項計畫，也證明了馬國對於數位轉型的決心。

馬來西亞現有的政策，對於該國的數位轉型確實有所幫助。例如馬來西亞數位經濟機構和中國阿里巴巴集團於二〇一七年達成合作協議，成立中國以外的全球首個「數位自由貿易區」（Digital Free Trade Zone，簡稱DFTZ），來加速發展數位經濟產業。

馬國期望在二〇二〇年之前，能讓數位經濟占整體GDP的比率提高到百分之二十；而發展數位經濟很重要的前提，則是網路的普及率與速度，畢竟網路的品質支撐了數位服務的運作。針對這一點，馬來西亞預計在二〇二三年達成百分之九十八的網路覆蓋率，並提供至少三十Mbps的網速。

目前馬國政府的數位化服務和轉型，在特定領域已經充分發揮；最好的例子莫過於

「生物識別護照」（Biometric Passport）。以往申請紙本護照至少需要一週時間，但申請生物識別護照卻只要幾個小時，不但大幅提升了發放護照的效率，而且也更加安全。

馬來西亞政府在進行數位轉型時，當然也遭遇不少困難，例如政府必須重新訓練公務員，教導他們使用新科技工作。「這個過程是必須的，雖然一開始很辛苦，但如果要在這個競爭激烈的世界存活下來，勢必要擁抱新科技來持續的進步。」何代表指出。

馬來西亞絕對不只有風景和美食，近幾年發展的新創產業和數位經濟轉型也是一大亮點，若台灣企業願意配合政府的新南向政策前往馬來西亞發展，將有機會挖掘出當地的無限商機。

chapter
20

以色列

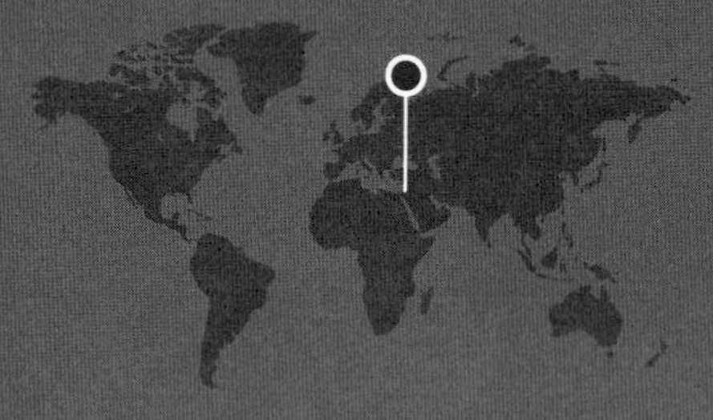

以「虎刺巴」精神成功轉型 創造新創奇蹟

許多人說美國矽谷成為世界級科技重鎮的關鍵在於蓬勃的新創文化，是其他國家無法單純透過吸引人才、資金、企業就能模仿的；而以色列的新創產業能成為足以與矽谷並肩的原因，也在於他們勇於挑戰權威、不怕挫敗的「虎刺巴」精神。那台灣又該培育什麼樣的新創文化呢？

台以的文化交流

提到以色列，一般人對它的印象可能還停留在二戰時期猶太人遭到屠殺，或著是一個充滿危險、與周圍國家戰爭不斷的國度；不過也有越來越多人知道，以色列已經成為全球新創事業的龍頭之一，孕育了許多世界級的新創科技公司。

在拜訪駐台北以色列經濟文化辦事處前，我們通過了有如在機場般層層的安檢，並將隨身物品放在指定地點，只帶了紙、筆和錄音筆進入辦事處。在代表秘書的帶領下，我們走進了前代表游亞旭（Asher Yarden）的辦公室，準備好要聆聽以色列如何躍升創新強國的故事。

「台灣與以色列之間有著非常緊密的伙伴關係。雙方都為兩國友好關係做出了許多努力及維護。」游代表堅定的表示。

這些努力之中最具有代表意義的，是二〇一六年開始在台灣舉辦的國際大屠殺紀念日（International Holocaust Remembrance Day），從前總統馬英九，到現任總統蔡英文，都參加了此一紀念活動，而台灣對這個活動的重視，也讓游代表感到驚訝。畢竟，台灣和以色列並沒有共同的歷史和文化；因此，對於台灣人能夠理解猶太人在二戰遭受的苦難，游代表表示：「我們非常感謝。」

目前，台灣和以色列有非常多的交流活動。以色列駐台辦事處於二〇一八年捐贈了七十多本涵蓋猶太文化、繪本、藝術的書籍給國家圖書館，希望台灣民眾能夠更了解以色列，並且拉近兩國關係，而這項活動也成功吸引了許多民眾和媒體的目光。

二〇一八年，台北國際書展也邀請了以色列駐台北經濟文化辦事處成為榮譽嘉賓，透過以色列主題國館介紹了猶太歷史、文化以及科技發展，讓以色列在台灣的能見度大大提升。除了年度書展外，辦事處也與台灣的出版社合作翻譯以色列書籍，單單在二〇一八年之中就翻譯了將近三十冊。

相較於熱絡的文化交流，台以雙邊的旅遊人數卻因為缺乏從特拉維夫直飛台北的班機，所以還有很大的進步空間。關於這一點，辦事處表示目前正積極與幾家航空公司洽談開闢直飛航線的可能性。

新創企業的「虎刺巴」精神

以色列新創事業之所以能蓬勃發展，帶動的因素有哪些呢？

首先是政府的組成。許多以色列政府官員其實是企業家出身，例如以色列創新局的ＣＥＯ，就來自私部門。以色列政府認為，要在高科技產業裡成功，政府、學術界以及企業界必須維持十分緊密的關係。

另外，以色列現有的法規，讓中小企業也可以向創新局申請補助，再由政府聘請專業人士來評估申請者的創意與商業模式，這些創意必須具有原創性和商業價值，若通過審核，創新局便會提供百分之八十的資金。

如果該公司未來營運成功，則必須歸還之前向政府借的資金，萬一失敗則不需要。在這樣的背景下，以色列誕生了許多國際型公司，例如負責處理全球近兩成網路安全交易的「Checkpoint」軟體技術公司；另一個具有代表性的公司，則是致力於推廣和生

以色列駐台前代表，游亞旭（Asher Yarden）。

產非專利藥品、專利藥品，以及活性藥物的梯瓦製藥（TEVA）。

除了政府的支持之外，以色列的創業文化和精神也很值得分享。以色列人認為，失敗是很正常的事情，重點在於有沒有從失敗中學習。也因為如此，他們並不會對創業失敗者投以異樣的眼光。

游代表舉以色列非營利組織「Space IL」的故事為例：這家公司發起了一個稱為「創世紀」的登月計劃，希望運用民間力量送以色列太空船登上月球。雖然創世紀號經過三個月的飛行之後，在最後降落時功虧一簣、登月失敗，但他們卻已經贏得全世界的尊敬和掌聲。

以色列創業家最被人津津樂道的，還有他們勇於挑戰權威、不怕挫折的「虎刺巴」（chutzpah）精神。游代表再說了一個故事：以色列材料科學家丹・謝赫特曼（Dan Shechtman）於一九八二年一次合金實驗中，意外發現了一種新型態的「準晶體」分子結構，並將這個研究結果告知同事。

然而，他的同事對此抱持著懷疑態度，兩座諾貝爾獎得主萊納斯・鮑林（Linus Pauling）甚至對此嗤之以鼻。但謝赫特曼並沒有屈服於權威，堅決捍衛自己的發現；最後，他終於在二〇一一年獲得諾貝爾化學獎，充分展現以色列人堅持挑戰的「虎刺巴」精神。

不過，以色列的創新環境也不是全無障礙。創新公司在取得成功之後，通常會離開以色列或是被外國公司併購，導致技術與人才的流失。「Mobileye」是一個很好的例子：這家專注於無人駕駛與相關汽車科技研發的公司，二〇一七年被英特爾（Intel）併購為子公司；致力於手機導航軟體開發、二〇一三年被Google併購的「Waze」也面臨相同的結果。這兩個案例都突顯出以色列新創公司在達到一定門檻之後，不免必須克服的問題。

以色列的數位轉型之路

「數位轉型」也是以色列政府積極布局的一個方向，目前廣泛運用數位科技的領域，包括銀行以及健康醫療等等。在以色列，人們可以隨時地在手機上轉帳、付款，或是進行任何支付。如果民眾需要繳交罰款或稅金給政府，也都可以透過網路平台進行；此外，以色列人也可以在網路上查詢自己的健檢結果或是醫療相關資訊。

在這些領域跟以色列相較，台灣就還有相當大的進步空間。游代表舉個人親身經驗為例：他在台灣不能夠與太太開聯名帳戶，開了個人帳戶之後，也不能夠給太太一本支票使用。許多台灣人現在習慣在便利超商處理的事情，在他看來其實都可以在網路上處理。游代表認為，若台灣想將數位轉型做得更徹底，政府應該提供民眾「選擇在網上處理」的權利，例如上面提到的健康資訊平台，因為資料安全與隱私方面的顧慮，以色列政府讓人民自由決定要不要參加這項計畫，以提供一定程度的彈性，而這也是台灣可以借鏡的地方。

儘管以色在數位經濟、新創企業、科學研究方面傲視全球，游代表卻提出了自己對於科技的看法：「根據我的觀察，在西方的教育體制下，大家對於科技非常崇拜；西方的大學提供了非常多數學、科學以及電腦方面的課程；然而文學、文史、哲學方面的課程，就相對少了很多。」

他認為，文史哲的課程也同樣的重要。科技並不是全部，它有好的一面，也有壞的一面，完全取決於大家怎麼使用和看待。

透過以色列的實務經驗，我們可以發現以色列能成為創新大國並非偶然，幕後有著政府與民間的互相配合以及支持，才能走到今天。台灣若想往數位經濟、新創企業兩大方向發展，不妨借鏡以色列的經驗，並且加強自身的優勢來達到目標。

創業進化論

青創世代如何對接數位經濟浪潮，
結合Tech for Good科技向善的多贏方案

作　　者　余宛如
編輯協力　傅瑞德、李慧茹、陳旻毓、徐曉強、彭郁珊
封面設計　許紘維
美術設計　mollychang.cagw.
內頁排版　葉若蒂
行銷企劃　林芳如
行銷統籌　駱漢琦
業務發行　邱紹溢
業務統籌　郭其彬
責任編輯　何韋毅、蔣慧仙
副總編輯　蔣慧仙
總 編 輯　李亞南

發 行 人　蘇拾平
出　　版　果力文化／漫遊者文化事業股份有限公司
地　　址　台北市松山區復興北路331號4樓
電　　話　(02)2715-2022
傳　　真　(02)2715-2021
讀者服務信箱　service@azothbooks.com
漫遊者臉書　www.facebook.com/azothbooks.read
漫遊者書店　www.azothbooks.com
劃撥帳號　50022001
戶　　名　漫遊者文化事業股份有限公司

初版一刷　2019年12月
定　　價　台幣350元
I S B N　978-986-97590-2-1

圖片提供　ALCHEMA、宇萌數位、ACCUPASS、Vpon、圖文不符、iCHEF、DT42、Tico、IxDA、台灣數位外交協會、文化銀行、臺灣吧、灰鯨設計、人生百味、春池玻璃

國家圖書館出版品預行編目(CIP)資料
創業進化論：青創世代如何對接數位經濟浪潮，結合Tech for Good科技向善的多贏方案／余宛如著
.--初版.--臺北市：果力文化，漫遊者文化，2019.12／256面；15×21公分
ISBN 978-986-97590-2-1(平裝)　494.1　108018473